基于 NI ELVIS 的电路实验教程

主　编　朱琴跃
副主编　周　伟　赵亚辉　韦　莉

U0353172

同济大学 出版社
TONGJI UNIVERSITY PRESS

内 容 提 要

本书是为"电路理论"课程编写的基于 NI ELVIS 实验教学平台的实验教材。全书共分为 6 章,内容包括 NI ELVIS 实验平台、Multisim 软件基础、LabVIEW 软件基础、基本型实验、仿真型实验以及综合设计型实验;并在附录中介绍了常用电路元器件。

本书立足于验证、巩固和加深电路的理论知识,对传统的电路基础实验和仿真实验内容进行了丰富和完善;同时紧扣电路原理,结合大学本科一年级和二年级其他课程,适当引入后续课程知识,增加了综合设计实验内容。实验项目编排由基础验证型逐渐过渡到综合创新型和自主设计型,强调从设计到仿真再到实践的实验过程,注重培养学生的实践动手能力、仿真分析能力、综合设计和创新能力。

本书可作为高等院校电气、自动化、电子信息类以及工科电工类各专业的电路实验和课程设计教材,也可作为相关工程技术人员的参考书。

图书在版编目(CIP)数据

基于 NI ELVIS 的电路实验教程/朱琴跃主编. --上海:同济大学出版社,2020.9
ISBN 978-7-5608-9437-9

Ⅰ. ①基… Ⅱ. ①朱… Ⅲ. ①虚拟仪表—信号系统—电路—实验—教材 Ⅳ. ①TH86-33②TM13-33

中国版本图书馆 CIP 数据核字(2020)第 150030 号

基于 NI ELVIS 的电路实验教程

主　编 朱琴跃　　**副主编** 周　伟　赵亚辉　韦　莉

责任编辑 张　莉　　**助理编辑** 任学敏　　**责任校对** 徐春莲　　**封面设计** 陈益平

出版发行	同济大学出版社　　www.tongjipress.com.cn
	(地址:上海市四平路 1239 号　邮编:200092　电话:021-65985622)
经　销	全国各地新华书店、网络书店
印　刷	常熟市华顺印刷有限公司
开　本	787 mm×1092 mm　1/16
印　张	15
字　数	300 000
版　次	2020 年 9 月第 1 版　　2020 年 9 月第 1 次印刷
书　号	ISBN 978-7-5608-9437-9

定　价　48.00 元

前　言

"电路理论"课程是高等学校电类专业本科生必修的一门专业基础课程。相应的电路实验是电路理论教学中不可或缺的教学环节,对于培养学生的实验动手能力、综合分析能力、科研创新能力具有无可替代的作用。本书是在参照教育部高等学校电工电子基础课程教学指导委员会制定的"电路类课程教学基本要求"中关于实验教学内容的基础上,结合课程组教师多年来实验教学改革的成果编著而成的。

本书是为"电路理论"课程编写的基于 NI ELVIS 实验教学平台的实验教材,主要特色如下:

(1)按照循序渐进原则构建立体化的实验内容体系,培养学生综合能力。立足于验证、巩固和加深电路理论知识,构建了基本型、仿真型和综合设计型的完整实验内容体系。实验项目由基础验证型逐渐过渡到综合创新型和自主设计型,强调从设计到仿真再到实践的实验过程,注重培养学生的综合实验与实践能力、综合分析能力以及科研创新能力。

(2)基于虚拟仪器和信息化技术重构实验教学方法和手段,提高实验教学质量。对于基本验证型实验,可以基于 NI ELVIS 实验平台所提供的虚拟仪器完成动手操作。对于综合设计和创新型实验,首先,通过 Multisim 仿真软件对实验电路和系统输出响应特性、相关设计参数的合理选取进行仿真和验证;接着,基于图形化系统设计软件 LabVIEW,利用 NI ELVIS 实验平台强大的数据采集和处理功能,通过软、硬件相结合的方法完成实验和实践过程。借此培养学生实践动手、仿真分析和综合设计等交叉融合能力,也使学生明白"电路理论"课程不再是一门枯燥、抽象的课程,而是一门理论知识与工程实践有机结合、会创造无限可能的课程。

（3）基于层次化和模块化特点编排实验内容，便于学生自主学习和自主实验。实验内容按先易后难、先基本再综合、先验证再创新的顺序编排，涵盖电路理论主要知识，便于不同层次的学生选用。每个实验项目均有详细的实验步骤和实验示例、实验设计和结果展示，其中综合设计型实验还辅以 LabVIEW 软件源码供参考，为学生开展自主式学习和自主实验提供了丰富的学习资源。

本书内容涵盖了 NI ELVIS 实验平台、Multisim 软件基础、LabVIEW 软件基础、基本型实验、仿真型实验以及综合设计型实验，共 6 个章节，26 个实验。针对每一个实验，都安排了实验原理、实验步骤、实验操作（或设计）、实验思考与拓展等内容，有利于学生顺利完成实验，并针对实验中的现象、问题和结果等进一步开展思考、拓展和创新。

本书得到了同济大学本科教材出版基金委员会的资助。

上海交通大学张峰教授细致严格地审阅了本书稿，提出了许多宝贵的修改意见。在此，谨向他表示衷心感谢！此外，参加实验教学改革实践活动的范清雯、王晨和李大荃等同学，为本书提供了详实的实验数据。同济大学出版社张平官、张莉等老师也为本书的出版提供了大力支持和帮助。在此，一并向他们表示感谢。

限于编者的水平有限，书中定有不少疏漏和不足之处，敬请读者批评指正。联系方式：qy_zhu@163.com。

编　者

2020 年 7 月于同济大学

目　　录

第1章
NI ELVIS 实验平台[①]

1.1　NI ELVIS 实验平台简介

　　NI ELVIS 多功能教学实验平台是美国国家仪器(National Instruments,NI)有限公司开发的将硬件和软件系统有效融合的教学实验设备。该平台不仅具有 8 路差分模拟输入(或 16 路单端输入)通道、2 路模拟输出通道、24 路数字输入/输出通道、8 路可编程函数输入/输出通道以及+5 V,+15 V 和−15 V 电源输出接口等,还集成了 12 款实验室最为常用的仪器,包括数字万用表、示波器、函数发生器、可调电源、波特图仪、动态信号分析仪(快速傅里叶变换仪)、任意波形发生器、数字写入器、数字读取器、阻抗分析仪、2-线电流电压分析仪和 3-线电流电压分析仪。这些基于计算机使用的虚拟仪器均提供直观易用的软面板,无需编程即可使用,具有与实验室传统仪器完全相同的功能和类似的操作方式。

　　NI ELVIS 基于数据采集平台,工作时可在其原型板上搭建实验电路,并通过 USB 的即插即用功能将计算机连接到各种测量模块,配合图形化系统设计环境 LabVIEW 设计新的、针对多种学科的教学实验及创新实验,为电路、电子、信号处理、测试测量、控制和通信等学科的课堂和实验室教学提供领先的教育平台。同时,该平台还可与 Multisim 及实验室硬件平台结合应用,通过仿真和实践使学生牢固地掌握电路理论知识,更好地理论联系实际;将多个学科的工程知识相互综合并付诸实践,有助于学生实践电路工程思想和创新能力的全面提升。

　　本书所涉及实验平台的相关参数、性能指标和操作均仅针对 NI ELVIS Ⅱ、NI ELVIS Ⅱ＋两种型号(以下简称 NI ELVIS Ⅱ实验平台),NI 公司其他型号的 ELVIS 实验平台相关参数和指标等可能会有所差异,详情可参阅 NI 公司相应产品用户资料。

1.2　实验平台硬件组成和接口

　　NI ELVIS Ⅱ实验平台实物如图 1-1 所示,包含 NI ELVIS 原型板和 NI ELVIS 工作台两部分,由原型板通过一个 PCI 总线接口插槽连接到 NI ELVIS 平台工作站而成。

---

　　① 详见《电子学教育平台实验教程 NI ELVIS Ⅱ, Multisim, LabVIEW™》,美国国家仪器有限公司,2009.

1.2.1 NI ELVIS 原型板组成和接口

1) 硬件组成

NI ELVIS 原型板的平面布局如图 1-2 所示,其主要组件和模块阵列划分为 12 个部分:①模拟输入和可编程函数信号 I/O 阵列;②工作站交互接口;③数字 I/O 阵列;④用户可配置 LED;⑤用户可配置 D-SUB 接口;⑥计数器/计时器、用户可配置 I/O 和直流电源阵列;⑦数字万用表、函数发生器、

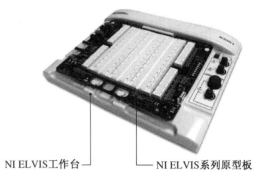

NI ELVIS工作台　　　　　NI ELVIS系列原型板

图 1-1　NI ELVIS Ⅱ 实验平台

用户可配置 I/O、可变电源和直流电源阵列;⑧直流电源指示灯;⑨用户可配置接线柱;⑩用户可配置 BNC 接口;⑪用户可配置 BANANA 接口;⑫固定螺丝。

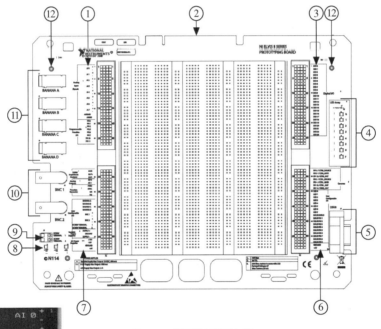

图 1-2　原型板平面布局

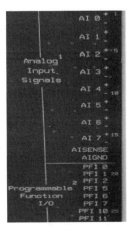

图 1-3　模拟输入和可编程函数信号 I/O 阵列

在原型板的正中央是 5 块大小不一的面包板,中间最大的一块面包板主要用于搭建实验电路,其周围 4 块较小的面包板则用于给实验平台提供各种模拟或数字的输入/输出接口。此外,原型板的左侧和右侧还集成了与各类虚拟仪器相连的接口以及各类电源输出接口等。

2) 各类接口说明

根据图 1-2 所示各类模块阵列的布局,下面分别介绍原型板上各类接口的定义并加以说明。

(1) 模拟输入和可编程函数信号 I/O 阵列(图 1-3)

【AI0＋/0－～AI7＋/7－】　模拟输入通道 0～7,共 8 路。

【AISENSE】　系统内置接地。

【AIGND】　模拟接地。

【PFI0～PFI2】　可编程函数输入/输出接口 0～2,用于静态数字输入输出电路或路由时间信号。

【PFI5～PFI7】　可编程函数输入/输出接口 5～7,用于静态数字输入输出电路或路由时间信号。

【PFI10～PFI11】　可编程函数输入/输出接口 10～11,用于静态数字输入输出电路或路由时间信号。

(2) 数字 I/O 阵列(图 1-4)

【DIO0～DIO7】　第一组 8 位数字输入/输出接口。

【DIO8～DIO15】　第二组 8 位数字输入/输出接口。

【DIO16～DIO23】　第三组 8 位数字输入/输出接口。

每个 DIO 引脚都可以通过 NI ELVIS 上的虚拟仪器根据需要配置成数字输入或数字输出(DI/DO)接口。

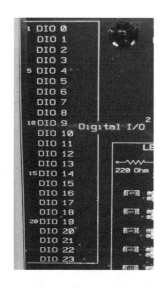

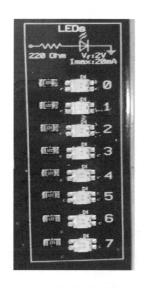

图 1-4　数字 I/O 阵列　　　　图 1-5　用户可配置 LED　　　　图 1-6　计数器/计时器、用户可配置 I/O 的直流电源阵列

(3) 用户可配置 LED(图 1-5)

【LEDs0～LEDs7】　用于指示数字输出信号的 LED0～7,共 8 个。每个 LED 的阳极连接一个 220 Ω 的电阻,阴极接地。当＋5 V 驱动时,LED 显示为绿色;－5 V 驱动时,LED 显示为黄色。

(4) 计数器/计时器、用户可配置 I/O 和直流电源阵列(图 1-6)

【PFI8/CTR0_SOURCE】　计数器 0 输入。

【PFI9/CTR0_GATE】　计数器 0 门极信号。

【PFI12/CTR0_OUT】　计数器 0 输出。

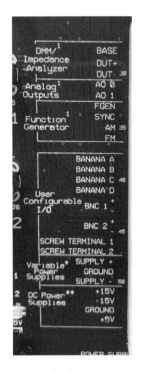

图 1-7　数字万用表、函数发生器、用户
可配置 I/O、可变电源和直流电源阵列

【PFI3/CTR1_SOURCE】　计数器 1 输入。

【PFI4/CTR1_GATE】　计数器 1 门极信号。

【PFI13/CTR1_OUT】　计数器 1 输出。

【PFI14/FREQ_OUT】　频率输出。

【LED0～LED7】　LED 指示接口。

【DSUB SHIELD】　D-SUB 外壳屏蔽端。

【DSUB PIN1～DSUB PIN9】　DSUB 引脚接口。

【GROUND】　数字接地。

【+5 V】　直流电源+5 V 输出。

（5）数字万用表、函数发生器、用户可配置 I/O、可变电源和直流电源阵列（图 1-7）

【BASE】　三极管基极。

【DUT+】　电感、电容的正极以及三极管的源极。

【DUT-】　电感、电容的负极以及三极管的射极。

【AO0～AO1】　模拟输出通道 0，通道 1，共 2 路。

【FGEN】　函数发生器接口。

【SYNC】　函数发生器输出的同步信号端。

【AM/FM】　调幅/调频信号输入。

【BANANA A～BANANA D】　BANANA 接口 A～D，与图 1-8 中 BANANA 接口 A～D 对应。

【BNC1+/1-～BNC2+/2-】　BNC 接口 1，2，与图 1-9 中 BNC 接口 1，2 对应。

【SCREW TERMINAL1/2】　连接螺丝端子 1，2。

【SUPPLY+/-】　可调电源的正端、负端输出。

【GROUND】　数字接地。

【+/-15 V】　直流电源+15 V，-15 V 输出。

（6）用户可配置 BANANA 接口（图 1-8）

【BANANA A～BANANA D】　BANANA 型接口 A～D。

图 1-8　用户可配置 BANANA 接口

图 1-9　用户可配置 BNC 接口

当使用数字万用表进行测量时,若测量电压、电阻、电容、电感或二极管通断,需将 BANANA A 接口与工作台上的 VΩ 接口相连,BANANA B 接口与工作台的 COM 接口相连;若测量电流,则需将 BANANA C 接口与工作台的 A 接口相连,BANANA B 接口仍与工作台的 COM 接口相连。

(7) 用户可配置 BNC 接口(图 1-9)

【BNC1/2】　BNC 接口 1,2。

使用示波器时,需将 BNC1 接口与工作台的 CH0 接口相连;或将 BNC2 接口与工作台的 CH1 接口相连。

1.2.2　NI ELVIS 工作台组成和接口

1) 硬件组成

NI ELVIS 工作台的平面布局如图 1-10 所示,除了 NI ELVIS Ⅱ系列原型板(①)外,其主要组件和模块阵列还包括:数字万用表保险丝(②);数字万用表接口(③);示波器接口(④);函数发生器输出/数字触发输入接口(⑤);原型板安装螺丝孔(⑥);原型板接口(⑦);原型板电源开关(⑧);状态灯(⑨);可变电源手动控制旋钮(⑩);函数发生器手动控制旋钮(⑪)。

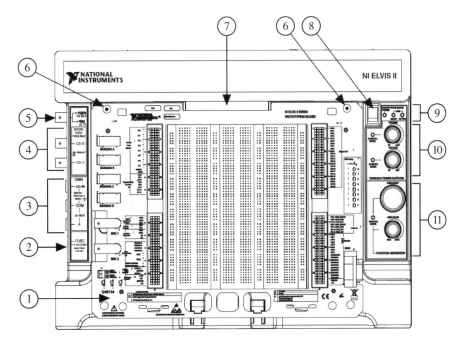

图 1-10　NI ELVIS 工作台的平面布局

在工作台的左侧集成了与各类虚拟仪器相连的输入输出接口,如图 1-11 所示,相应接口定义和说明如下:

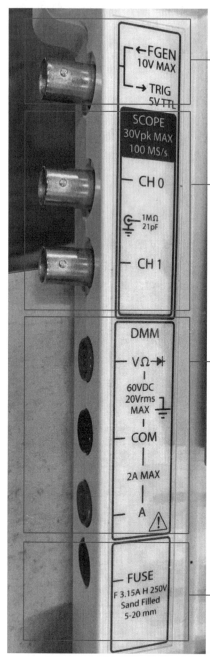

函数发生器输出/数字触发输入接口

【FGEN/TRIG】：FGEN—函数发生器输出信号；
　　　　　　　TRIG—数字触发输入信号。
　　函数发生器的输出信号可通过该接口输出至其他
ELVIS功能模块，或者其他实验电路。

示波器接口

【CH0】：示波器信号输入通道0。
【CH1】：示波器信号输入通道1。
　　使用示波器时，需将CH0接口与原型板的【BNC1】接
　　口相连；或将CH1接口与原型板的【BNC2】接口相连。

数字万用表接口

【VΩ】：电压/电阻/电容/电感/二极管通断测试端。
【COM】：参考接地端。
【A】：　电流测试端。
　　若测量电压、电阻、电容、电感或二极管时，需
将VΩ接口与原型板的BANANA A接口相连，将COM
接口与原型板的BANANA B接口相连；若测量电
流时，需将A接口与原型板的BANANA C接口相连，
COM接口与原型板的BANANA B接口相连。

数字万用表保险丝

图 1-11　工作台接口说明

1.3　实验平台的硬件连接和配置

1）硬件连接

　　NI ELVIS Ⅱ实验平台应用时，须使用提供的 USB 线将其与计算机连接成如图 1-12
所示的典型 NI ELVIS 实验系统。其中，USB 一端连接于 NI ELVIS Ⅱ实验平台，另一端与

计算机相连。实验平台的工作台开关、电源接口、USB 接口如图 1-13 所示。

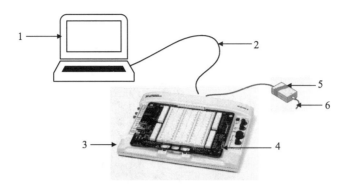

注：1—笔记本电脑；2—USB 数据线；3—NI ELVIS Ⅱ工作台；
4—NI ELVIS Ⅱ系列原型板；5—AC/DC 电源；6—电源插座

图 1-12　典型的 NI ELVIS 系统组成示意

图 1-13　工作台开关、电源接口、USB 接口

相应的，NI ELVIS Ⅱ实验平台硬件连接与开机启动过程如下。

（1）确保 NI ELVIS 工作台后方的电源开关处于关闭状态。

（2）用 USB 线将工作台连接至电脑。

（3）将 AC/DC 电源适配器连接至 NI ELVIS Ⅱ工作台，然后打开工作台电源开关，同时打开计算机，此时图 1-14 中的 USB ACTIVE LED 灯点亮（橘色）。

（4）打开工作台右上侧的原型板供电开关，此时位于原型板左下侧的三盏用于指示+15 V、−15 V、+5 V 的直流供电 LED 灯点亮（绿色），如图 1-15 所示。同时，图 1-14 中的

**图 1-14　工作站右上侧的原型板
开关和 LED 指示灯**

PROTOTYPING BOARD POWER LED 灯亮（绿色）、USB READY LED 灯亮（橘色），USB ACTIVE LED 灯（橘色）则逐渐变暗直至熄灭。

（5）整个实验系统上电启动完成。

注意：（1）若实验系统上电启动过程中电源灯未亮起，则器材未供电成功，需再次检查电源线的连接是否正确；（2）实验结束后系统中各个电源开关的关闭顺序为：关闭原型板供电开关→关闭工作站供电开关。

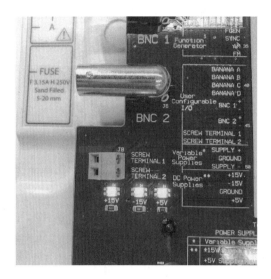

图 1-15　原型板上三盏直流供电 LED 指示灯

2）设备配置

在检查 NI ELVIS 工作台的电源已经连接并打开，且已通过 USB 线连接至计算机，同时 NI ELVIS 驱动软件也已安装完成后，便可对 NI ELVIS 硬件设备进行配置，操作步骤如下。

（1）通过"开始→所有程序→National Instruments→Measurement & Automation"，打开 NI Measurement & Automation Explorer（NI MAX）。

（2）NI 在 MAX 中单击"设备和接口"，检查是否能找到 NI ELVIS Ⅱ（取决于实验室配置，有可能找到的是 NI ELVIS Ⅱ＋,带加号）。如图 1-16 所示，如果连接正常，设备前面的板卡符号应该显示为绿色，此时可单击右键选择"自检"对该设备进行自检。

（3）检查设备名称是否显示为图 1-16 所示的"Dev1"，若不是，点击右键将设备重命名为"Dev1"。

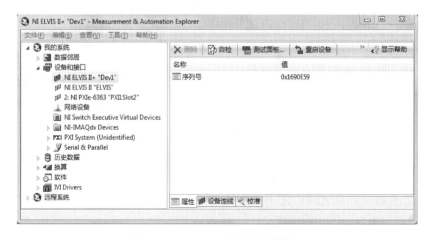

图 1-16　NI MAX 中设备配置界面

1.4　软件安装

在使用 NI ELVISⅡ实验平台前,首先利用配套光盘安装必需的软件。操作步骤如下。

(1) 将 NI ELVISⅡ安装光盘插入电脑光驱后,进入新出现的带有 NI 标志的驱动器目录,双击安装文件"setup. exe"后开始安装 NI ELVISⅡ相关软件。

(2) 按照软件安装说明依次安装 NI ELVISmx 硬件驱动程序、NI LabVIEW 以及 NI Multisim 软件。

(3) 安装成功后,可以在目录 NI Measurement & Automation Explorer (NI MAX)下,看到已将 NI ELVISmx 硬件驱动程序安装成功,如图 1-17 所示;也可以通过开始菜单或桌面快捷方式发现 NI MAX。这样便可对 NI ELVIS 硬件设备进行配置。

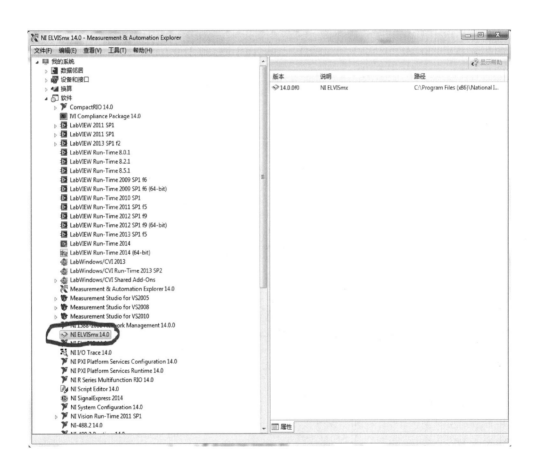

图 1-17　NI MAX 目录下发现驱动

(4) 同时,安装成功后,在计算机磁盘路径"开始→所有程序→National Instruments→NI ELVISmx for NI ELVIS & NI myDAQ"下将出现"NI ELVISmx Instruments Launcher"选项,用于对各类虚拟仪器的软面板进行操作。

1.5 虚拟仪器性能指标

虚拟仪器是指利用高性能的模块化硬件,结合高效灵活的软件来实现的具有实际使用功能的各种软件仪器,它与物理仪器仪表一样可以完成各种测试及测量任务。NI ELVIS Ⅱ实验平台共集成了 12 款实验室常用的仪器,包括数字万用表、示波器、函数发生器、可调电源、波特图仪、动态信号分析仪、任意波形发生器、数字写入器、数字读取器、阻抗分析仪、2-线电流电压分析仪和 3-线电流电压分析仪,其中最常用的 6 种虚拟仪器的性能指标如下。

(1) 数字万用表(DMM)

直流(DC)电压量程: 60 V, 10 V, 1 V 和 100 mV。

交流(AC)电压量程: 20 V, 2 V 和 200 mV。

直流(DC)电流量程: 2 A。

交流(AC)电流量程: 2 A 和 500 mA。

电阻量程: 100 MΩ, 1 MΩ, 100 kΩ, 10 kΩ, 1 kΩ 和 100 Ω。

电容量程: 500 μF, 50 μF, 1 μF, 50 nF, 5 nF 和 500 pF。

电感: 100 mH, 10 mH 和 1 mH。

分辨率: 5.5 位。

(2) 示波器(Scope)

信号源: 通道 CH0 和 CH1。

耦合: 直流、交流、接地。

垂直灵敏度(Volts/Div): 10 mV～20 V。

时间基准(Time/Div): 10 ns～200 ms。

触发类型: 立即触发,数字触发和边沿触发。

(3) 函数发生器(FGEN)

正弦波: 频率 0.2 Hz～5 MHz,幅值－5 V～+5 V。

三角波: 频率 0.2 Hz～1 MHz,幅值－5 V～+5 V。

方波: 频率 0.2 Hz～1 MHz,幅值－5 V～+5 V。

分辨率: 10 位。

(4) 可调电源(VPS)

分辨率: 10 位。

电压范围: 0 V～+12 V 和 0 V～－12 V。

电流范围: 0～500 mA。

(5) 波特图仪(Bode)

测量激励通道: CH0,AI0～AI7。

测量响应通道: CH1,AI0～AI7。

相位分辨率: 1 Hz～5 MHz。

(6) 阻抗分析仪(Imped)

测量频率范围: 0.2 Hz～35 kHz。

1.6　虚拟仪器软面板及使用

连接好 NI ELVIS Ⅱ实验平台后，就可以启动虚拟仪器软面板使用 12 种不同的虚拟仪器。

在计算机上单击"开始"菜单→"所有程序"→"National Instruments"→"NI ELVISmx for NI ELVIS & NI myDAQ"→"NI ELVISmx Instrument Launcher"，启动虚拟仪器软面板，其界面如图 1-18 所示。

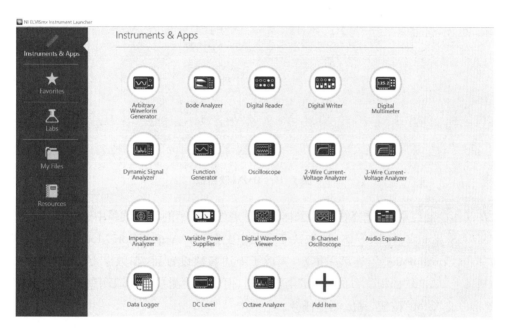

图 1-18　NI ELVISmx Instrument Launcher 面板

（1）数字万用表（DMM）

在图 1-18 所示的 NI ELVISmx Instrument Launcher 面板中选择 Digital Multimeter，便可打开 DMM 软面板，如图 1-19 所示。NI ELVISmx DMM 的软面板分为 3 部分：最上面是仪器测试结果显示部分，中间是测量参数设置（Measurement Settings）部分，最下方是仪器控制（Instrument Control）部分。

在测量参数设置栏中，可以选择测量类型、量程范围以及模式测量开关。可选择的测量类型依次为直流电压、交流电压、直流电流、交流电流、电阻、电容、电感、二极管以及通断测试。当选择不同测量类型后，右侧的"Banana Jack Connections"窗口中会对应显示当前测量类型需要完成的连线模式。在可选择的测量模式中，如果"Mode"（模式）下拉框被选择为"Specify range"模式，在"Range"下拉框中可以选择相应的测量量程范围；如果"Mode"被选择为"Auto"，"Range"对话框将自动变灰，NI ELVISmx 将自动选择各个测量模式的量程范围。直流（DC）电压允许的最大测量值为 60 V，交流（AC）电压允许的最大测量值为 20 V，交直流电流允许的最大测量值为 2 A，电阻允许的最大测量值为 100 MΩ。

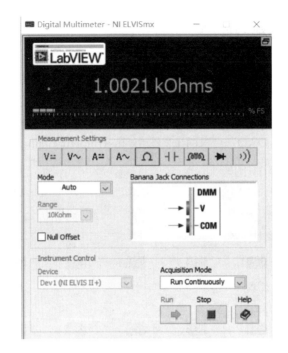

图 1-19　DMM 软面板

　　在仪器控制栏中,可选择设备和采样模式。在"Device"的下拉菜单中选择设备为"Dev1 (NI ELVIS Ⅱ＋或 NI ELVIS Ⅱ,取决于实验室配置)","Acquisition Mode"(采集模式)设置为"Run Continuously"(连续采集)。完成了上述参数设置后,在数字万用表端口线连接好的基础上,单击软面板下方的"Run"箭头按钮,便可开始测量并读取测量结果。读取数据后,单击停止"Stop"按钮,完成测量任务。

　　(2) 示波器(Scope)

　　该虚拟仪器提供了实验室中常用数字示波器的功能,操作方法与实验室中的示波器相同。在图 1-18 所示 NI ELVISmx Instrument Launcher 面板中选择"8-Channel Oscilloscope",便可打开 Scope 的软面板,如图 1-20 所示。示波器具有两路信号通道 Channel 0 和 Channel 1。在"Channel 0 Settings"和"Channel 1 Settings"栏中可设置每个通道的相关参数,其中 Source:触发信号源;Enabled:显示该通道波形;Probe:探头的放大倍数;Coupling:耦合方式;Scale volts/ Div:垂直灵敏度旋钮;Vertical Position(Div):纵向位移。

　　在"Timebase"(时基)栏中,单击旋钮可设置示波器屏幕的水平扫描速率。在"Trigger" (触发)栏中可设置触发类型。

　　使用时,单击软面板下方的"Run"箭头按钮,在示波器上可以观察到被测波形,同时波形下方显示被测信号的有效值、频率和峰值。测量完成后,单击"Stop"按钮即可停止。

　　(3) 函数发生器(FGEN)

　　在图 1-18 所示 NI ELVISmx Instrument Launcher 面板中选择"Function Generator", 即可打开函数发生器软面板,如图 1-21 所示。相关参数设置如下。

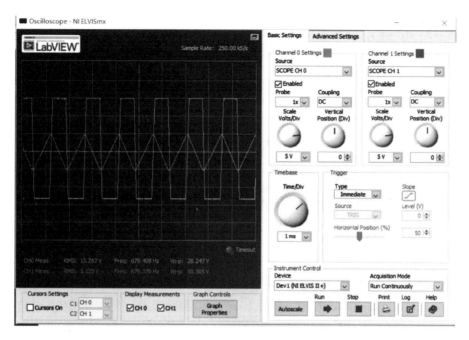

图 1-20　Scope 软面板

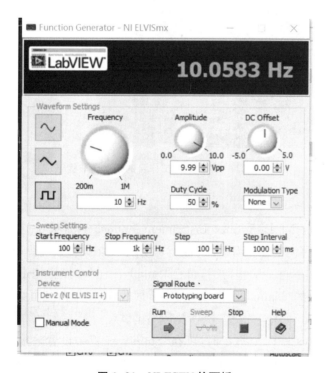

图 1-21　NI FGEN 软面板

● 在波形设置(Waveform Settings)栏中,区域左侧的 3 个按钮分别用于设置输出正弦波、三角波及方波,右侧的一系列旋钮用于设置信号的频率、幅度、直流偏置、占空比及信号调制种类。

● 在扫频设置（Sweep Settings）栏中，通过设置扫频的开始频率、截止频率、频率和频率之间的频差以及切换时间，FGEN 可以按照上述参数输出连续变化的扫频信号。当需要输出扫频信号时，单击"Run"按钮右侧的"Sweep"（扫频）按钮即可。

函数发生器除了在软面板上设置参数输出信号外，还可以通过勾选界面左下方的"Manual Mode"，即手动调节模式来输出信号。此模式下，需配合使用 NI ELVIS 实验平台的工作台右侧的 2 个手动调节旋钮，通过手动调节信号频率和幅值，实现信号的输出。NI ELVIS 工作台上的函数信号发生器手动调节旋钮布置及实物如图 1-22 所示。

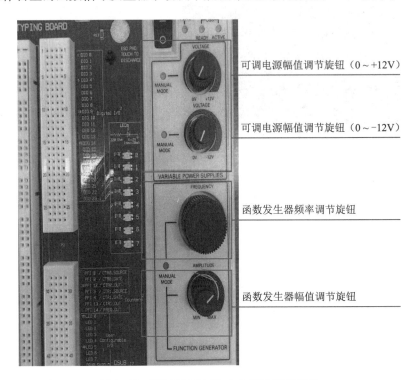

可调电源幅值调节旋钮（0～+12V）

可调电源幅值调节旋钮（0～-12V）

函数发生器频率调节旋钮

函数发生器幅值调节旋钮

图 1-22　NI ELVIS 工作台的手动调节旋钮

（4）可调电源（VPS）

在图 1-18 所示 NI ELVISmx Instrument Launcher 面板中选择"Variable Power Supplies"，即可打开可调电源软面板，如图 1-23 所示。相关参数设置如下。

● 当 VPS 提供 0～+12 V 电源时，可在"Supply+"栏中设置输出模式、电压幅值。当没有勾选设置界面上的"Manual"，即为自动调节模式；电压幅值则可直接在"Voltage"参数项中输入。

● 当 VPS 提供 0～-12 V 电源时，可在"Supply-"栏中设置输出模式、电压幅值。当没有勾选设置界面上的"Manual"，即为自动调节模式；电压幅值则可直接在"Voltage"参数项中输入。

VPS 除了自动调节输出电压外，还可以通过勾选界面上的"Manual Mode"，即手动调节模式来输出可变电压。此模式下，需配合使用 NI ELVIS 实验平台的工作台右侧的 2 个手动调节旋钮，通过手动调节输出电压幅值大小，实现可调电源的输出。NI ELVIS 工作台上的可调电源手动调节旋钮布置及实物如图1-22所示。

（5）波特图仪（Bode）

波特图仪可生成用于分析的波特图曲线。NI ELVIS 中的波特图仪利用示波器和函数发生器的扫频功能来表示幅度-频率响应及相位-频率响应。在图 1-18 所示 NI ELVISmx Instrument Launcher 面板中选择"Bode Analyzer"，便可打开波特图仪软面板，如图 1-24 所示。相关参数设置如下。

● 在测量设置（Measurement Settings）栏中，主要设置参数为：用于采集 FGEN 信号的激励通道（Stimulus Channel），用户采集电路输出端信号的响应通道（Response Channel），类似于 FGEN 中扫频设置的扫频开始频率（Start Frequency）、截止频率（Stop Frequency），每过十倍频程扫描的点数（Steps）以及 FGEN 输出的峰值信号幅度（Peak Amplitude）。在进行波特图分析时，物理连线应遵循下述规则：将 FGEN 的输出端连接到所选择的激励通道（Stimulus Channel），将电路输出连接到设置的响应通道（Response Channel）。

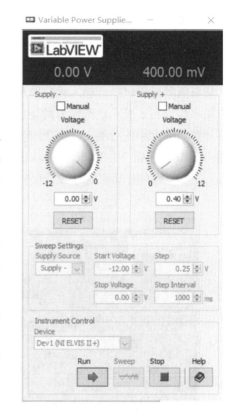

图 1-23　VPS 软面板

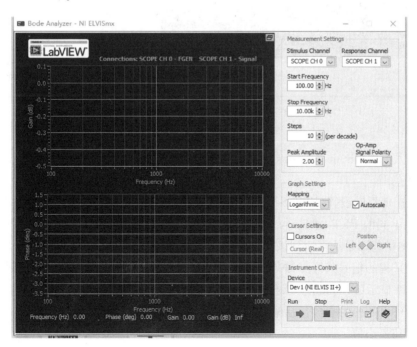

图 1-24　Bode 软面板

● 在绘图设置(Graph Settings)栏中,允许将最终的输出曲线显示为对数(Logarithmic)或线性(Linear)形式。另外,还设置了"Autoscale"复选框,允许用户打开或关闭自动尺度缩放显示功能。

(6) 动态信号分析仪(DSA)

动态信号分析仪执行输入接口波形的频域测量。它通过计算某单一通道上信号的有效平均功率谱分布来展示动态信号的频谱信息,同时,也提供了峰值频率分量检测及预估实际频率及其功率大小的功能。DSA 可连续测量也可单次测量,还提供了各种窗和滤波选项。在图 1-18 所示 NI ELVISmx Instrument Launcher 面板中选择"Dynamic Signal Analyzer",便可打开动态信号分析仪软面板,如图 1-25 所示。相关参数设置如下。

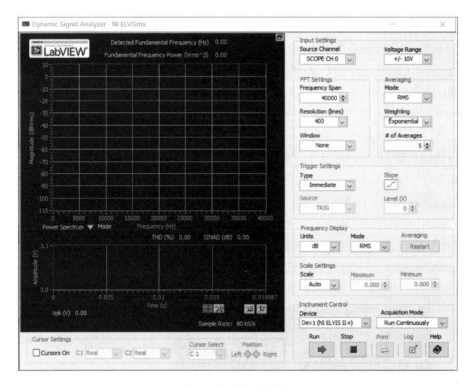

图 1-25 DSA 软面板

● 在输入设置(Input Settings)栏中,需要用户设置待分析信号加载的物理通道及输入信号的幅值范围。

● 在快速傅里叶设置(FFT Settings)与信号平均(Averaging)栏中,允许用户针对待分析信号定制不同的 FFT,并且对信号进行特殊平均处理。其中,信号频率范围(Frequency Span)确定测量范围是从直流到该框内的指定值;分辨率(Resolution)指定了时域信号记录的长度以及采集的信号采样点数;窗函数(Window)选项提供了 9 种不同的窗函数。

● 在频率显示(Frequency Display)及缩放设置(Scale Settings)栏中,允许用户定制显示的波形。可以调整的参数包括幅度轴向的显示单位(dB,dBm,Linear)、显示模式以及缩放的最大值和最小值。

（7）任意波形发生器（ARB）

任意波形发生器可生成并显示自定义波形。在图 1-18 所示 NI ELVISmx Instrument Launcher 面板中选择"Arbitrary Waveform Generator"，便可打开任意波形发生器软面板，如图 1-26 所示。相关参数设置如下。

● 在波形设置（Waveform Settings）栏中，允许用户为不同的输出通道配置相应的信号波形文件，根据波形文件中描述的波形信息从硬件上输出该波形。通过勾选相应输出通道"Enabled"复选框启用该输出通道。在界面最右侧，还可以为输出波形设置增益（Gain），即放大倍数。

● 在定时和触发设置（Timing and Triggering Settings）栏中，需设置产生信号的更新率（Update Rate），即每秒钟由拟输出通道产生的信号波形点数。

● 在波形编辑器（Waveform Editor）栏中，允许用户根据需要设置、拼接合成需要的各种波形。图 1-26、图 1-27 分别显示了最终在 ARB 软面板中生成并显示的波形以及在编辑器中自定义编辑的波形。

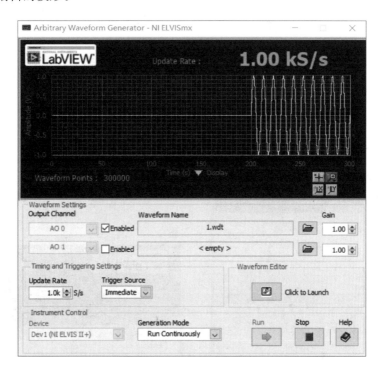

图 1-26　ARB 软面板

（8）数字写入器（DigIn）

在图 1-18 所示 NI ELVISmx Instrument Launcher 面板中选择"Digital Writer"，便可打开数字写入器软面板，如图 1-28 所示。在显示窗口（Display Window）中，显示了当前输出的数字引脚上的电平值情况。如果某个引脚的电平被拉高，其对应的圆形指示灯被点亮。如果引脚输出电平为 0，其对应的小灯处于暗淡状态，在小灯队列的右上方有相应的十六进制输出显示。

相关参数设置为：在设定配置（Configuration Settings）栏中，首先需在区域的最上方设

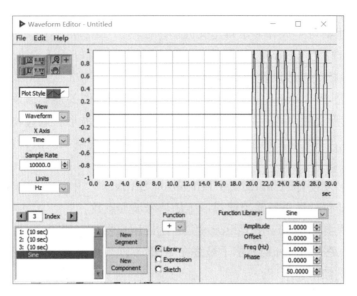

图 1-27　在 Editor 中编辑的波形

置哪些数字端口为输出状态,若某几个被设置成输出状态,这几个数字端口便不能再被"DigOut"使用。"Pattern"下拉框提供了"Manual""Ramp""Alternating 1/0's"和"Walking 1's"模式供选择。

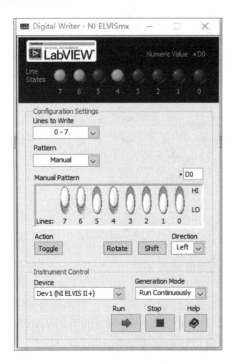

图 1-28　DigIn 软面板

图 1-29　DigOut 软面板

（9）数字读取器(DigOut)

在图 1-18 所示 NI ELVISmx Instrument Launcher 面板中选择"Digital Reader",便可

打开数字读取器软面板,如图 1-29 所示。DigOut 与 DigIn 原理类似,将 I/O 通道组合为接口,通过接口读取数据,每次读取一个接口。

（10）阻抗分析仪（Imped）

阻抗分析仪可用于 NPN、PNP 型晶体管以及二极管的阻抗测量与分析。在图 1-18 所示 NI ELVISmx Instrument Launcher 面板中选择"Impedance Analyzer",便可打开阻抗分析仪软面板,如图 1-30 所示。

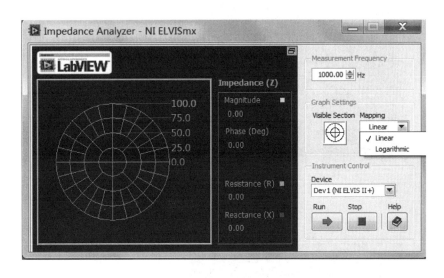

图 1-30　Imped 软面板

软面板左侧区域是 Imped 的测量结果显示部分,其中以幅度/相位、电阻/电抗的形式显示出测量结果;右侧是 Imped 的参数设置区域,具体含义如下:

① "Measurement Frequency"区用于设置输入交流信号的频率,其测量范围为 0.2 Hz～35 kHz。

② "Graph Settings"区用于设置测量结果的显示方式和显示模式。

● "Visible Section":用于设置测量结果的可显示部分,可以突出测量参数所在区域。

● "Mapping":用于设置以线性或者对数的方式来显示测量结果。

③ "Instrument Control"区用来设置主计算机所接外设的逻辑设备号。

（11）2-线电流电压分析仪（2-Wire）

2-线电流电压分析仪主要用于测量二极管的伏安特性曲线。通过在面板上调节电压的扫描范围和电流限制,以获得所需电压范围的伏安特性曲线而又不会因电流过大而烧坏二极管。在图 1-18 所示 NI ELVISmx Instrument Launcher 面板中选择"2-Wire Current-Voltage Analyzer",便可打开 2-线电流电压分析仪软面板,如图 1-31 所示。

（12）3-线电流电压分析仪（3-Wire）

3-线电流电压分析仪主要用于测量 NPN 和 PNP 型 BJT 晶体管的伏安特性曲线。在图 1-18 所示 NI ELVISmx Instrument Launcher 面板中选择"3-Wire Current-Voltage Analyzer",便可打开 3-线电流电压分析仪软面板,如图 1-32 所示。

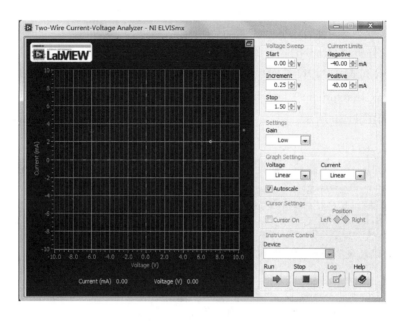

图 1-31　2-线软面板

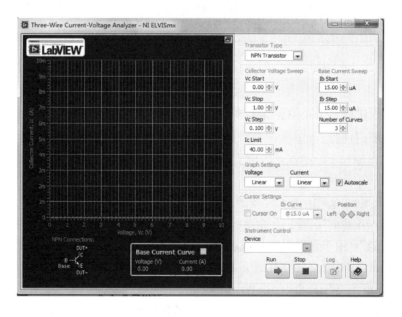

图 1-32　3-线软面板

1.7　实验平台基本操作

本节主要通过基本实验的具体操作，介绍如何使用 NI ELVIS Ⅱ 实验平台的基本功能，为后续各类实验的开展打下基础。

实验 1　NI ELVISmx Instrument Launcher 的使用和操作

一、实验目的

通过使用 NI ELVIS Ⅱ 实验平台的标准函数信号发生器(FGEN)、示波器(Scope)、数字信号输入(DigIn)、数字信号输出(DigOut)等仪器功能,了解和掌握 NI ELVIS 自带的虚拟仪器软面板的使用。

二、实验内容和操作步骤

1. 函数发生器(FGEN)和示波器(SCOPE)

1) 硬件连线

如图 1-33 所示,在 NI ELVIS 原型板上,用导线将 FGEN 端与 BNC 1+端相连;用 BNC 接线将原型板上的 BNC 1 接口与 NI ELVIS 工作台上的 SCOPE CH0 的 BNC 接口相连。

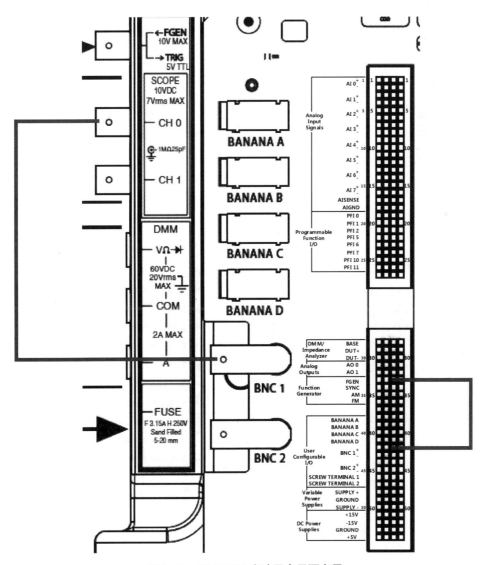

图 1-33　NI ELVIS 实验平台平面布局

2）操作步骤

（1）检查确认 NI ELVIS 工作台和原型板的电源均已开启，然后单击“开始”→“所有程序”→“National Instruments”→“NI ELVISmx for NI ELVIS & NI myDAQ”→“NI ELVISmx Instrument Launcher”，启动虚拟仪器软面板，如图 1-34 所示。

NI ELVISmx Instrument Launcher
Instruments & Apps
Favorites
Labs
My Files
Resources
Instruments & Apps
Arbitrary Waveform Generator
Bode Analyzer
Digital Reader
Digital Writer
125.2
Digital Multimeter
Dynamic Signal Analyzer
Function Generator
Oscilloscope
2-Wire Current-Voltage Analyzer
3-Wire Current Voltage Analyzer
Impedance Analyzer
Variable Power Supplies
Digital Waveform Viewer
8-Channel Oscilloscope
Audio Equalizer

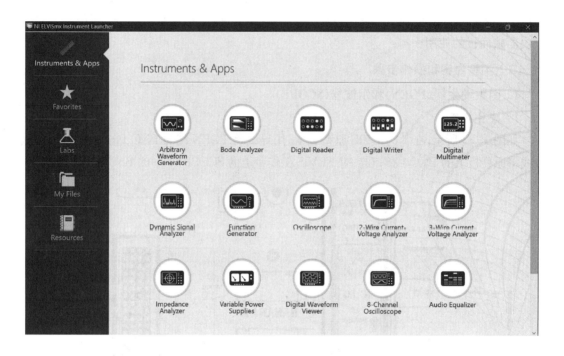

图 1-34　虚拟仪器软面板

注意： 如果打开 NI ELVISmx Instrument Launcher 时出现问题，也可通过“开始”→“所有程序”→“National Instruments”→“NI ELVISmx for NI ELVIS & NI myDAQ”→“Instruments”，展开 Instruments 文件夹，可以看到如图 1-35 所示的 12 种虚拟仪器的图标文件。在桌面创建所需文件夹的快捷方式，可以更方便地展开该文件夹。

Arbitrary Waveform Generator
Bode Analyzer
Digital Multimeter
Digital Reader
Digital Writer
Dynamic Signal Analyzer
Function Generator
Impedance Analyzer
Oscilloscope
Three-Wire Current-Voltage Analyzer
Two-Wire Current-Voltage Analyzer
Variable Power Supplies

图 1-35　12 种虚拟仪器的图标文件

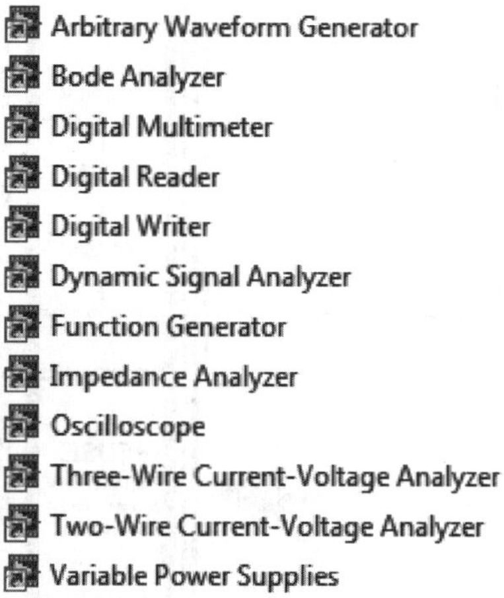

（2）分别单击虚拟仪器软面板界面中的“Function Generator”和“Oscilloscope”图标，打开如图 1-36 所示的函数发生器（右）和示波器（左）的软面板操作界面（如果上一步没有成功打开 Instruments Launcher，则在 Instruments 文件夹中直接双击“Function Generator”和“Oscilloscope”打开；实验打开软面板均类似操作）。完成参数设置后，将通过函数发生器产生一个频率为 100 Hz，峰峰值为 4 V 的正弦信号；同时通过示波器进行观察。其中，两个软面板与硬件连线相关的选项设置如下：

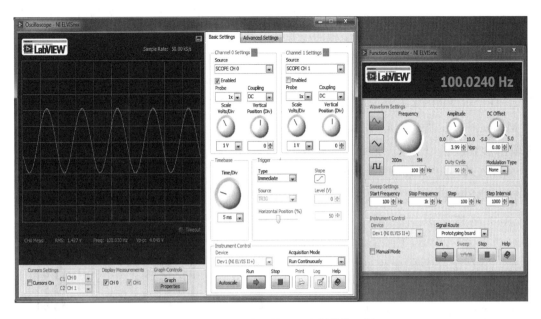

图 1-36 函数发生器和示波器的软面板

● 函数发生器软面板。由于在原型板上,用导线将 FGEN 端与 BNC1＋端相连,因此该软面板下方"Signal Route"选项需选择"Prototyping board"。待其他参数均设置完成后,单击软面板下方绿色箭头"Run"按钮,便可输出产生的信号波形。

● 示波器软面板。由于硬件连线时,原型板上的 BNC 1 接口与 NI ELVIS 工作台上的 SCOPE CH0 的 BNC 接口相连,因此在示波器软面板中,应选择 SCOPE CH0 作为有效观测通道(图 1-37)。这样,待其他参数均设置完成后,单击软面板下方的绿色箭头"Run"按钮,便可观察到函数发生器产生的波形。

观察到正确波形后,可以尝试改变函数发生器产生的波形种类(如产生三角波或方波信号)及波形参数(频率、幅度、直流偏置等),并调整示波器软面板的波形显示参数,以便根据信号特征更好地显示。

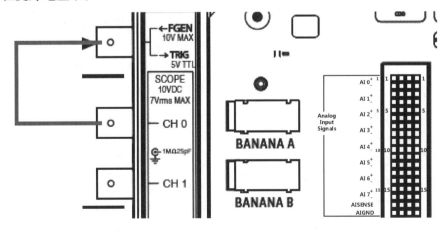

图 1-37 NI ELVIS 实验平台左侧平面布局

需要注意的是：上述操作过程中，如果没有正常显示信号波形，应首先检查硬件连线和软件设置是否正确，同时检查原型板的电源开关是否已经打开。

（3）在 FGEN 软面板中勾选手动模式（Manual Mode），观察 NI ELVIS 工作台右方 "FUNCTION GENERATOR"区域中 Manual Mode 指示灯是否亮起；调节波形输出参数旋钮"FREQUENCY"（频率）或"AMPLITUDE"（幅度），在 SCOPE 窗口中观察输出波形的变化。

（4）将连至原型板 BNC 1 接口的 BNC 接头拔下，与 NI ELVIS 工作台上的 FGEN BNC 接口相连；并将函数发生器软面板中的信号路径（Signal Route）设置为"FGEN BNC"，运行并观察结果。可以发现，此时的波形显示与之前完全一致，这主要是由于此时的信号是直接经由 NI ELVIS 工作台产生，并未经由 NI ELVIS 原型板，因此即使关闭原型板电源也可观察到信号。

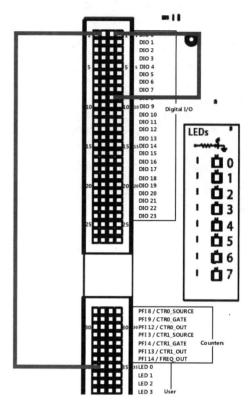

图 1-38　NI ELVIS 原型板右侧平面布局

2. 数字输入（DigIn）和数字输出（DigOut）

（1）在 NI ELVIS 原型板上，用导线将端子 DIO 0 分别连接至 DIO 8 端和 LED 0 端，这些信号接线端均位于原型板的右侧，如图 1-38 所示。

（2）在图 1-34 所示的虚拟仪器总体软面板启动后，单击其中的"DigitalWriter"和"DigitalReader"图标，打开如图 1-39 所示的数字写入器和数字读取器的软面板。按照图中所示设置参数：DIO 0～7 为数字输出通道，DIO 8～15 为数字输入通道，单击下方箭头"Run"按钮，便可进行相应的数字信号输入、输出测试和分析。

需要注意的是：可以任意调整"Digital Writer"面板中的"Manual Pattern"，设置输出的数字电平高低，观察"Digital Reader"读取的数字量指示灯变化以及原型板右边 LED 指示灯区域的显示变化。

3. 二极管伏—安特性曲线测试

（1）将被测二极管的长引脚、短引脚分别插入原型板的 DUT＋和 DUT－接口。

（2）在图 1-34 所示的虚拟仪器总体软面板启动后，单击其中的"2-Wire Current-Voltage Analyzer"图标，打开图 1-40 所示的 2-线电流电压分析仪软面板。按图示设置相关参数后，单击下方箭头"Run"按钮，便可对该二极管的电压—电流特性进行测量和分析。

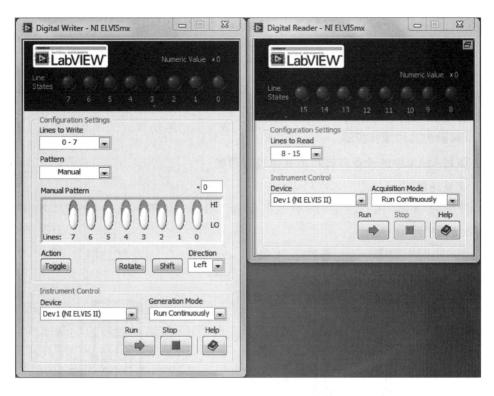

图 1-39　数字写入器和数字读取器软面板

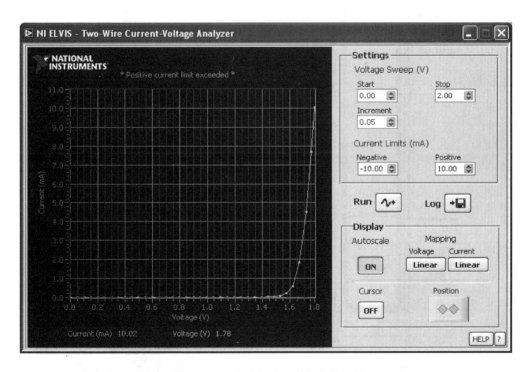

图 1-40　2-线电流电压分析仪软面板

实验 2　MAX 与 DAQ 助手的使用和操作

一、实验目的

通过使用 MAX 的基本功能,熟悉 MAX 的操作,能够使用 MAX 的测试面板进行简单的配置和测量,学会在 MAX 中创建信号采集任务。

二、实验内容和操作步骤

1. 使用 MAX 中的设备自检和测试面板等功能

1) 硬件连线

如图 1-41 所示,在 NI ELVIS 原型板上,将 AI0＋ 端和 FGEN 端相连,AI0－端与 GROUND 端相连接。

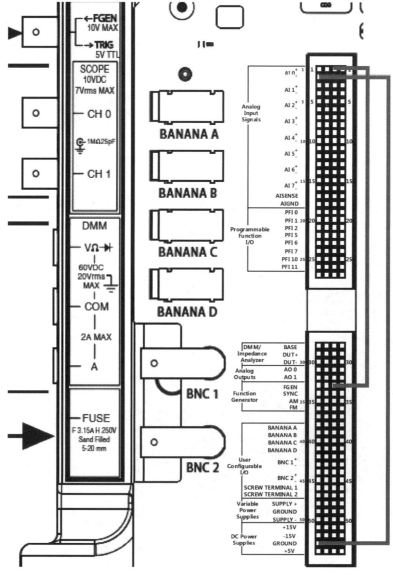

图 1-41　NI ELVIS 原型板上实验接线示意图

2）操作步骤

（1）双击桌面 MAX 的图标或者通过菜单中的"开始"→"所有程序"→"National"→"Instruments"→"Measurement & Automation Explorer"打开 MAX。

（2）打开 MAX 的电源和原型板的电源。在 MAX 中单击"设备和接口"，检查是否能找到 NI ELVIS Ⅱ 系列设备（取决于实验室配置）。如果连接正常，前面的板卡符号应该显示为绿色。检查设备名是否显示为"Dev1"，若不是，点击右键将设备重命名为"Dev1"。

（3）右键单击 NI ELVIS Ⅱ 设备并选择"自检"。如果硬件设备正常完好，弹出对话框显示"设备通过自检"，单击"OK"关闭该对话框。如果自检失败，请检查设备是否正确上电。

（4）右键单击 NI ELVIS Ⅱ 设备并选择"测试面板"，此时将会弹出图 1-42 所示的测试面板对话框。该对话框中默认打开的是模拟输入选项卡，可以根据测量需要选择相应的选项卡进行配置。

下面为基于模拟输入进行配置和测量的说明。

● 为了进行模拟输入的测量，首先需要提供一个信号源。具体方法为：使用 NI ELVISmx Instrument Launcher 中的函数发生器提供信号源，并从 AI0 端口引入该信号进行测量。操作方法可参考上述实验 1 中的设置产生一个 100 Hz，Vpp 为 4 V 的正弦波信号。

● 在测试面板对话框中，对相关参数进行设置：通道名选择"Dev1/ai0"，模式选择"连续"，输入配置选择"差分"，采样率为 1 000 Hz，待读取点数为 100。待参数设置完成后，点击"开始"按钮，便可看到采集到的信号，如图 1-42 所示。

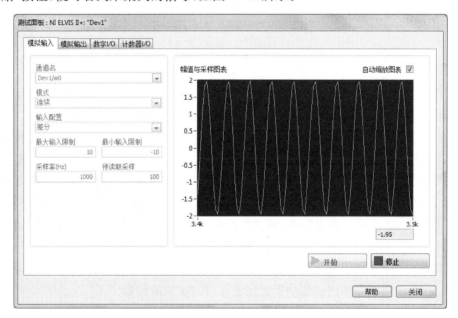

图 1-42　测试面板对话框

（5）改变函数发生器中波形参数的设置，如频率、幅值等，观察测试面板中波形的变化。思考当信号源频率超过采样频率的时候会有什么结果，如何修改参数来进行信号采集。

（6）单击"停止"按钮停止测试，单击"关闭"按钮关闭测试面板。

2. 在 MAX 中创建信号采集任务

1）硬件连线

如图 1-41 所示，在 NI ELVIS 原型板上，将 AI0＋端和 FGEN 端相连，AI0－端与 GROUND 相连接。

2）操作步骤

（1）右键单击数据邻居选择"新建"，弹出如图 1-43 所示的对话框，选择"NI-DAQmx 任务"，点击"下一步"。

图 1-43　新建任务对话框 1

（2）由于接下来要测量的信号仍然是由函数发生器产生的一个电压信号，因此在新建 NI-DAQmx 任务对话框中，依次单击选择"采集信号"→"模拟输入"→"电压"。

（3）由于在硬件连接上，已将函数发生器的信号连至"ai0"通道，因此在支持的物理通道中选择"Dev1"（NI ELVIS Ⅱ ＋）下面的"ai0"通道，然后点击下一步，如图 1-44 所示。

（4）使用默认的名称"我的电压任务"或者自定义一个名称，点击"完成"。可以看到，在数据邻居下面多了一项"NI-DAQmx 任务"，展开后会有刚创建的"我的电压任务"。

（5）在图 1-45 所示任务界面中，通过右侧配置选项卡进行参数配置：接线端配置选为"差分"，采集模式为"连续采样"，待读取采样为 100，采样率为 1 kHz。

（6）单击"运行"按钮，可以看到函数发生器产生的正弦波显示在图 1-45 所示界面上方的波形图表中，说明该任务已经成功采集到了相应的正弦波信号。

（7）单击"停止"按钮，停止任务的执行。

3. 在 LabVIEW 中使用 Express VI

1）硬件连线

如图 1-41 所示，在 NI ELVIS 原型板上，将 AI0 端和 FGEN 端相连，AI0－端与 GROUND 相连接。

图 1-44 新建任务对话框 2

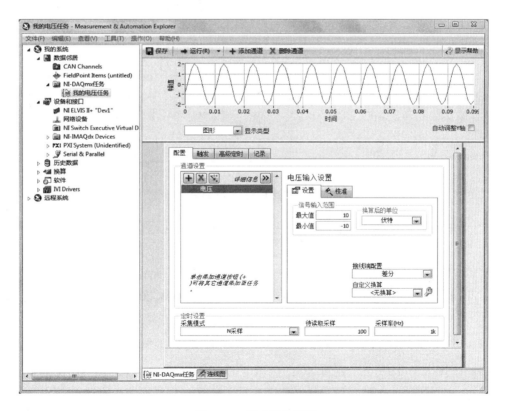

图 1-45 已建任务界面

2）操作步骤

（1）如图 1-46 所示，打开 LabVIEW，新建一个 VI 程序，并将程序保存为"voltage measurement. vi"。

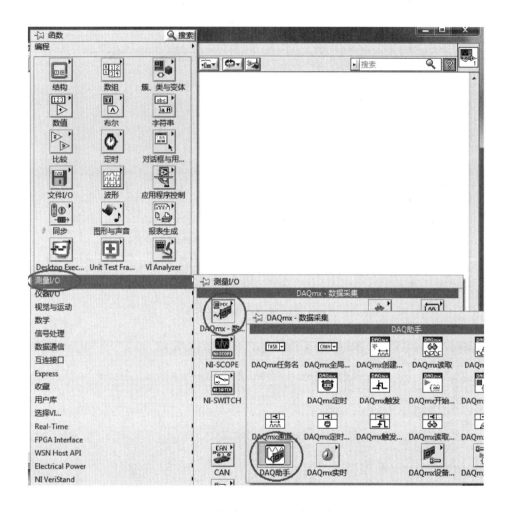

图 1-46　新建 Express VI 向导窗口

（2）在程序框图中调出函数选板，找到"DAQ 助手"Express VI 并将其放置在程序框图中。

随后将自动弹出"新建 Express 任务…"窗口，如图 1-47 所示。

点击"采集信号"→"模拟输入"→"电压"，然后点击"Dev1"左侧的"＋"标志，选择通道"ai0"，然后点击"完成"。

注：如需选择多条通道同时进行采集，只需按住键盘的"Shift"键再选择通道即可。

（3）如图 1-48 所示，在弹出的"DAQ 助手"配置相关参数：接线端配置为"Differential"，采集模式为"连续采样"，待读取采样为 100，采样率为 1 kHz。

（4）点击"运行"按钮，便可在对话框的波形窗口中查看到相应的正弦波波形，如图 1-48 所示。

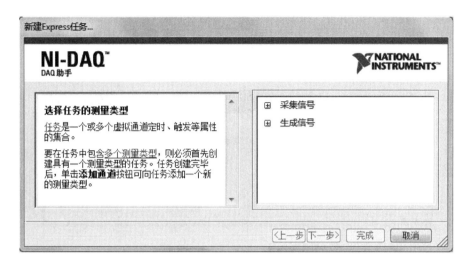

图 1-47　Express VI 任务窗口

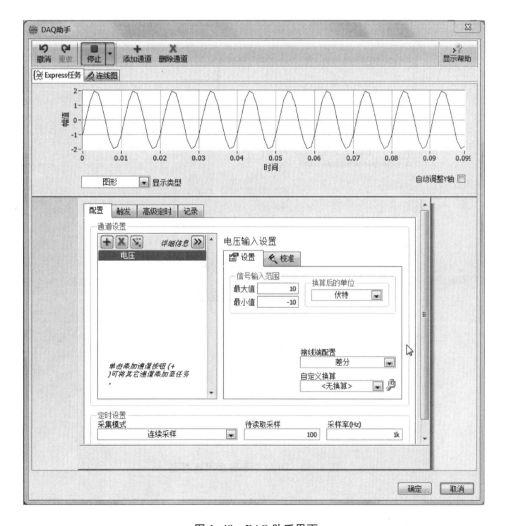

图 1-48　DAQ 助手界面

（5）单击"停止"，然后单击"确定"关闭窗口，返回到 LabVIEW 程序框图中。LabVIEW 自动创建用于测量任务的代码，如图 1-49 所示，在弹出对话框中单击"Yes"，自动创建 While 循环。

图 1-49　对话框

（6）在"DAQ 助手"Express VI 右侧的数据输出接线端单击右键，并选择"创建"→"图形显示控件"。图形显示控件被放置在前面板上，如图 1-50 所示。

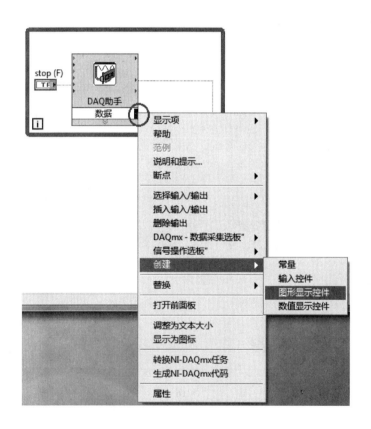

图 1-50　DAQ 助手数据设置界面

（7）相应的程序框图如图 1-51 所示。其中 While 循环自动将停止按钮放置到前面板，使得用户可以中止循环的运行。

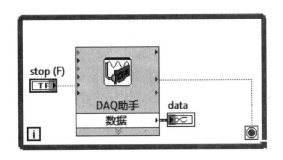

图 1-51　程序框图

（8）切换到前面板，运行该程序，可以看到之前设置函数发生器软面板产生的正弦波显示在波形图表中，如图 1-52 所示。由此说明该程序可以正确测量到相应的正弦波。

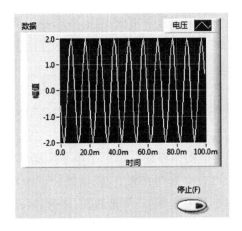

图 1-52　数据波形显示图

（9）单击"停止"按钮，结束程序运行，保存并关闭程序。

第2章
Multisim 软件基础

2.1　Multisim 简介

Multisim 是一款在电子电路虚拟仿真方面表现极为出色的软件,有了它,就相当于拥有了一个设备齐全的实验室,可以非常方便地从事电路设计、仿真、分析工作。同时,Multisim 软件在 LabVIEW 虚拟仪器、单片机仿真等技术方面也有很多的创新和提高,属于 EDA 技术的更高层次范畴。

Multisim 的前身是加拿大图像交互技术公司(Interactive Image Technoligics,简称 IIT 公司)推出的以 Windows 为基础的仿真工具软件 EWB,后被美国 NI 公司收购,更名为 Multisim。Multisim 软件主要特点如下。

(1) 直观的图形界面。整个操作界面就像一个电子实验工作台,绘制电路所需的元器件和仿真所需的测试仪器均可直接拖到屏幕上,轻点鼠标可用导线将它们连接起来。软件的仪器控制面板和操作方式都与实物相似,测量数据、波形和特性曲线也如同在真实仪器上看到的一样。

(2) 丰富的元器件库。在 EWB 元器件库基础上进行了扩充,包括基本元件、半导体器件、运算放大器、TTL 和 CMOS 数字 IC、DAC、ADC 及其他各种部件,且用户可通过元件编辑器自行创建或修改所需元件模型,还可通过 IIT 公司网站或其代理商获得元件模型的扩充和更新服务。

(3) 丰富的测试仪器。除了 EWB 具备的数字万用表、函数信号发生器、双通道示波器、扫频仪、信号发生器、逻辑分析仪和逻辑转换仪外,新增了瓦特表、失真分析仪、频谱分析仪和网络分析仪。

(4) 完备的分析手段。除了 EWB 提供的直流工作点分析、交流分析、瞬态分析、傅里叶分析、噪声分析、失真分析、参数扫描分析、温度扫描分析、极点—零点分析、传输函数分析、灵敏度分析、最坏情况分析和蒙特卡罗分析外,新增了直流扫描分析、批处理分析、用户定义分析、噪声图形分析和射频分析等,基本能满足一般电子电路的分析设计要求。

(5) 强大的仿真能力。既可对模拟电路或数字电路分别进行仿真,也可进行数模混合仿真,尤其新增了射频(RF)电路的仿真功能。仿真失败时会显示出错信息,提示可能出错的原因,仿真结果可随时储存和打印。

2.2 软件安装及操作界面

首先利用配套光盘中安装程序,输入安装序列号完成 Multisim 的安装。安装完成后,还需导入许可文件,才能完成完全安装。需要注意的是,安装 Multisim 的操作系统中的用户文件夹名不能是中文,否则会导致 Multisim 无法正常运行。

软件安装完成后,启动 Multisim14.1,可以看到如图 2-1 所示的工作窗口。

注:本书中所涉及的 Multisim 软件均指 Multisim14.1 版本。

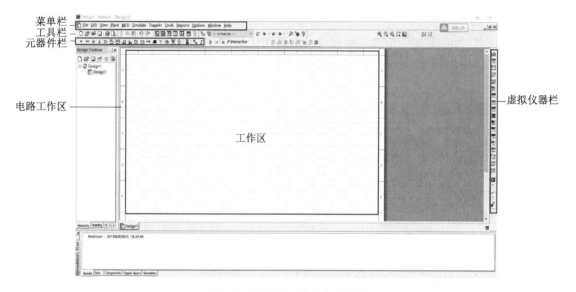

图 2-1　Multisim 的主窗口界面

由图可见,Multisim 的主窗口界面包含有多个区域:菜单栏、工具栏、元器件栏、虚拟仪器栏、电路工作区窗口、状态条、列表框等,用户通过对各部分的操作可以实现电路图的输入和编辑,并根据需要对电路进行相应的观测和分析;同时可通过菜单或工具栏改变主窗口的视图内容。下面简要介绍各个区域的主要功能。

1)菜单栏

如图 2-2 所示,Multisim 共有 12 项菜单,包含了该软件的所有操作命令。各个菜单项从左至右为:File(文件)、Edit(编辑)、View(窗口)、Place(放置)、MCU(微控制器)、Simulate(仿真)、Transfer(文件输出)、Tools(工具)、Reports(报告)、Options(选项)、Window(窗口)和 Help(帮助)。

图 2-2　Multisim 菜单栏

各个菜单项的功能如下。

(1) 文件(File)：文件菜单中包含了对文件和项目的基本操作以及打印等命令。

(2) 编辑(Edit)：编辑菜单类似于图形编辑软件的基本编辑功能。在电路绘制过程中，编辑菜单提供对电路和元件进行剪切、粘贴、翻转、对齐等操作。

(3) 窗口(View)：窗口菜单选择操作界面上所显示的内容，对一些工具栏和窗口进行控制。

(4) 放置(Place)：放置菜单用于在电路工作窗口内提供放置元件、连接点、总线和文字等命令，从而输入电路。

(5) 微控制器(MCU)：微控制器菜单提供在电路工作窗口内对 MCU 进行调试的操作命令。

(6) 仿真(Simulate)：仿真菜单提供对电路的仿真设置与分析等操作命令。

(7) 文件输出(Transfer)：文件输出菜单提供将 Multisim 格式转换成其他 EDA 软件所需文件格式的操作命令。

(8) 工具(Tools)：工具菜单主要提供对元器件进行编辑与管理的命令。

(9) 报告(Reports)：报告菜单提供材料清单、元器件和网表等报告命令。

(10) 选项(Option)：选项菜单提供对电路界面和某些功能的设置命令。

(11) 窗口(Windows)：窗口菜单提供对窗口的关闭、层叠、平铺等操作命令。

(12) 帮助(Help)：帮助菜单提供对 Multisim 的在线帮助和使用指导说明等操作命令。

2）工具栏

Multisim 提供了多种工具栏，并以层次化的模式加以管理，用户可以通过窗口(View)菜单中的选项方便地将顶层的工具栏打开或关闭，再通过顶层工具栏中的按钮来管理和控制下层的工具栏。通过工具栏，用户可以方便直接地使用软件的各项功能。

常用的工具栏：标准(Standard)工具栏、主(Main)工具栏、视图查看(Zoom)工具栏、仿真(Simulation)工具栏。

标准工具栏包含常见的文件操作和编辑操作，如图 2-3 所示。

图 2-3 标准工具栏

主工具栏控制文件、数据、元器件等的显示操作，如图 2-4 所示。

图 2-4 主工具栏

仿真工具栏可以控制电路仿真的开始、结束和暂停，如图 2-5 所示。

▶ ‖ ■ ⌀ Interactive

图 2-5 仿真工具栏

视图查看工具栏,用户可以通过此栏方便地调整所编辑电路的视图大小,如图 2-6 所示。

图 2-6　视图工具栏

3）元器件栏

EDA 软件所能提供的元器件的多少以及元器件模型的准确性都直接决定了该 EDA 软件的质量和易用性。Multisim 为用户提供了丰富的元器件,并以开放的形式管理元器件,使得用户能够自己添加所需要的元器件,具体使用方法及功能将在 2.4 节中进一步介绍。

4）虚拟仪器栏

对电路进行仿真运行,通过对运行结果的分析,判断设计是否正确合理,是 EDA 软件的一项主要功能。Multisim 为用户提供了 20 种虚拟仪器,这些虚拟仪器仪表的参数设置、使用方法和外观设计与实验室中的真实仪器基本一致,选用后,各种虚拟仪器都以面板的方式显示在电路中。具体使用方法及功能将在后文中进一步介绍。

2.3　常用元器件库

Multisim 提供了 18 种元器件库,用鼠标左健单击元器件栏目下的图标即可打开该元器件库,元器件栏如图 2-7 所示。

图 2-7　Multisim 元器件栏

元器件栏各图标名称及其功能介绍如下:

- ＋ :"电源库"按钮,放置各类电源、信号源;
- ⌁ :"基本元件库"按钮,放置电阻、电容、电感、开关等基本元件;
- ⊬ :"二极管库"按钮,放置各类二极管元件;
- ⊀ :"晶体管库"按钮,放置各类晶体三极管和场效应管;
- ⊳ :"模拟元件库"按钮,放置各类模拟元件;
- ⊕ :"TTL 元件库"按钮,放置各种 TTL 元件;
- ⊞ :"CMOS 元件库"按钮,放置各类 CMOS 元件;
- ⊡ :"其他数字元件库"按钮,放置各类单元数字元件;
- 0V :"混合元件库"按钮,放置各类数模混合元件;
- ▣ :"指示元件库"按钮,放置各类显示、指示元件;
- ▥ :"电力元件库"按钮,放置各类电力元件;
- MISC :"杂项元件库"按钮,放置各类杂项元件;
- ▦ :"先进外围设备库"按钮,放置外围设备;

- 丫:"射频元件库"按钮,放置射频元件;

- ⊕:"机电类元件库"按钮,放置机电类元件;

- ⊟:"微控制器元件库"按钮,放置单片机微控制器元件;

- ⊞:"放置层次模块"按钮,放置层次电路模块;

- ♩:"放置总线"按钮,放置总线。

下面为仿真电路搭建中几种常用元件的选择和放置过程的简要示例。

(1) 直流电源元件

直流电源元件属于电源库,该库主要包括交直流功率电源、受控电压源、受控电流源、信号电流源及数字电源等。相应地,直流电源的选择和放置过程为:选择"Place"→"Component"按钮即出现元器件选择界面,如图 2-8 所示。在该窗口中,首先,在数据库(Database)的下拉框中选择"Master Database",组(Group)的下拉框中选择"Sources";接着,在系列(Family)中选择"POWER_SOURCES",在元器件(Component)中选择"DC_POWER";最后,符号框(Symbol)中就出现相应的直流电源的符号。

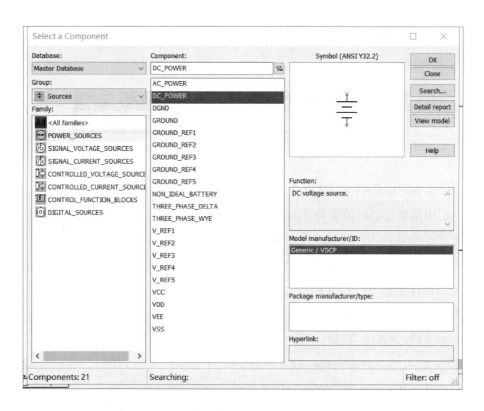

图 2-8 Multisim 电源库元器件选择界面

(2) 电阻元件

电阻元件属于基本元件库,该库主要包含电路仿真中各种常用的元器件,如:开关、电阻、电容、电感、可调电阻、可调容及可调电感等。相应地,电阻的选择和放置过程为:选择"Place"→"Component"按钮即出现元器件选择界面,如图 2-9 所示。在该窗口中,首先,在数据库(Database)的下拉框中选择"Master Database",组(Group)的下拉框中选择"Basic";接着,在系列(Family)中选择"RESISTOR",在元器件(Component)中选择"1k";最后,符号框(Symbol)中就出现相应阻值的电阻符号。

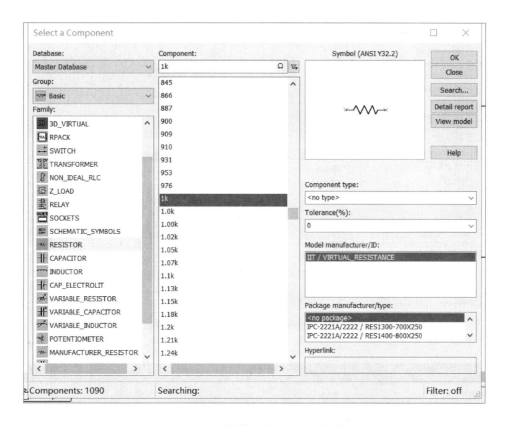

图 2-9　Multisim 基本元器件库元器件选择界面

（3）二极管

二极管属于二极管库,该库主要包含理想二极管、稳压二极管等常用的二极管器件,相应的,二极管的选择和放置过程为：选择"Place"→"Component"按钮即出现元器件选择界面,如图 2-10 所示。在该窗口中,首先,在数据库(Database)的下拉框中选择"Master Database",组(Group)的下拉框中选择"Diodes";接着,在系列(Family)中选择"DIODE",在元器件(Component)中选择"1N4149";最后,符号框(Symbol)中就出现相应型号的二极管符号。

（4）晶体管

晶体管属于晶体管库,该库主要包含各种 NPN 及 PNP 型的晶体管,如 BJT 晶体管、MOS 晶体管等。相应地,晶体管的选择和放置过程为：选择"Place"→"Component"按钮即出现元器件选择界面,如图 2-11 所示。在该窗口中,首先,在数据库(Database)的下拉框中选择"Master Database",组(Group)的下拉框中选择"Transistors";接着,在系列(Family)中选择"BJT_NPN",在元器件(Component)中选择"15C02MH-TL-E";最后,符号框(Symbol)中就出现相应型号的晶体管符号。

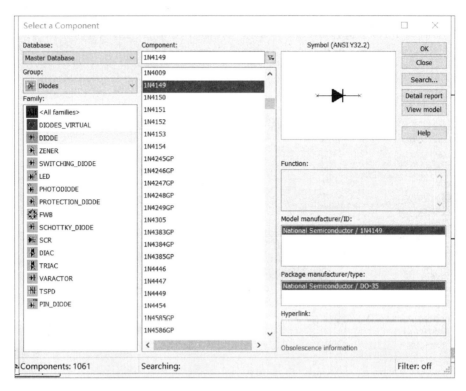

图 2-10　Multisim 二极管库元器件选择界面

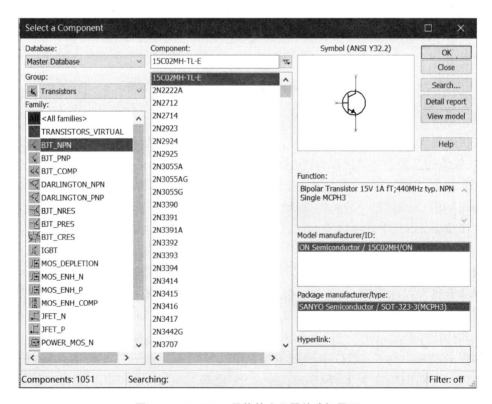

图 2-11　Multisim 晶体管库元器件选择界面

（5）运算放大器

运算放大器属于模拟器件库，该库主要包含理想运算放大器和比较器等多类器件，基本涵盖了实验中所需要的各个型号的器件类型，种类丰富，功能强大。相应地，运算放大器的选择和放置过程为：选择"Place"→"Component"按钮即出现元器件选择界面，如图 2-12 所示。在该窗口中，首先，在数据库（Database）的下拉框中选择"Master Database"，组（Group）的下拉框中选择"Analog"；接着，在系列（Family）中选择"OPAMP"，在元器件（Component）中选择"OP07AJ"；最后，符号框（Symbol）中就出现相应型号的运算放大器符号。

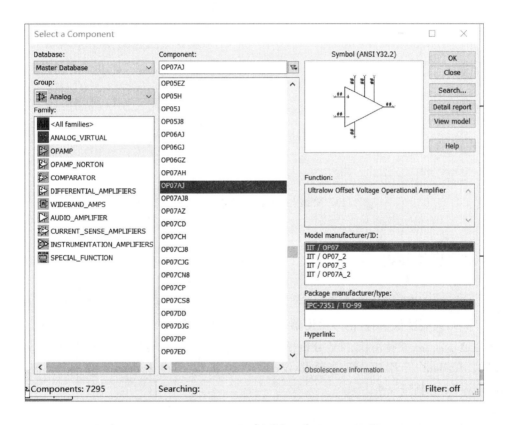

图 2-12　Multisim 模拟器件库元器件选择界面

（6）微控制器

微控制器器件属于微控制器库，该库主要包含单片机、RAM、ROM 等常见的微处理器。相应地，微控制器的选择和放置过程为：选择"Place"→"Component"按钮即出现元器件选择界面，如图 2-13 所示。在该窗口中，首先，在数据库（Database）的下拉框中选择"Master Database"，组（Group）的下拉框中选择"MCU"；接着，在系列（Family）中选择"805X"，在元器件（Component）中选择"8051"；最后，符号框（Symbol）中就出现相应型号的微控制器符号。

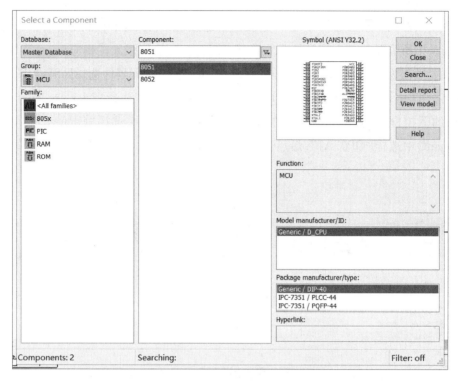

图 2-13　Multisim 微控制器库元器件选择界面

2.4　常用虚拟仪器

Multisim 在仪器栏共提供了 21 种仪器仪表。如图 2-14 所示，相应的虚拟仪器依次为数字万用表、失真度仪、函数信号发生器、瓦特表、双通道示波器、频率计、Agilent 函数发生器、四通道示波器、波特图仪、IV 分析仪、字信号发生器、逻辑转换器、逻辑分析仪、Agilent 示波器、Agilent 万用表、频谱分析仪、网络分析仪、Tektronix 示波器、电流探针、LabVIEW、动态测量探头。

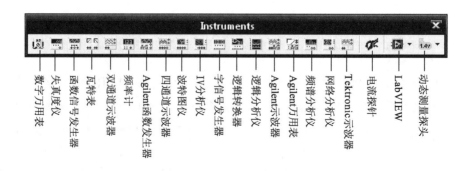

图 2-14　Multisim 虚拟仪器栏

各种虚拟仪器的功能和使用方法简介如下。

（1）数字万用表（Multimeter）

Multisim 提供的数字万用表外观和操作与实际的万用表相似，但比实际的万用表测量功能更加强大，操作起来更加方便。它可以测电流（A）、电压（V）、电阻（Ω）和分贝值（dB），也可以测直流信号和交流信号。

在仪器栏中选数字万用表后，双击数字万用表图标，弹出如图 2-15 所示的数字万用表的面板。

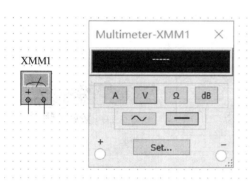

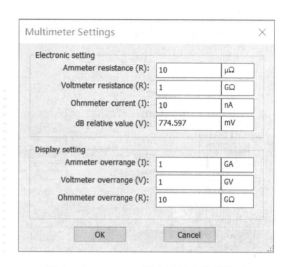

图 2-15　Multisim 数字万用表面板　　　　图 2-16　Multisim 数字万用表参数设置

单击"Set"按钮，弹出如图 2-16 所示的"Multimeter Settings"（万用表设置）对话框，从中可以对数字万用表的内部参数进行设置。

电气特性设置（Electronic setting）如下：

● Ammeter resistance（R）：设置测试电流时表头的内阻，其大小影响电流的测量精度；

● Voltmeter resistance（R）：设置测试电压时表头的内阻；

● Ohmmeter current（I）：设置测试电阻时流过表头的电流值；

● dB relative value（V）：用于设置分贝相对值，预先设置为 774.597 mV。

显示特性设置（Display setting）如下：

● Ammeter overrange（I）：设置电流表的测量范围；

● Voltmeter overrange（V）：设置电压表的测量范围；

● Ohmmeter overrange（R）：设置欧姆表的测量范围。

设置完成后，单击"OK"按钮，保存设置；单击"Cancel"按钮，取消本次设置。

（2）函数信号发生器（Function Generator）

Multisim 提供的函数信号发生器可以产生正弦波、三角波和矩形波，信号频率可在 1 Hz～999 MHz 调整，信号的幅值以及占空比等参数也可以根据需要进行调节。双击函数信号发生器图标，弹出如图 2-17 所示的函数信号发生器控制面板。

信号发生器有三个信号输出端：正极性端（＋）、负极性端（－）和公共端（Common），参数设置如下：

- Waveforms：波形选择区用于选择输出波形，分别为正弦波、三角波、矩形波；
- Frequency：频率设置用于设置输出信号的频率，可选范围 1 Hz～1 000 MHz；
- Duty cycle：占空比设置用于设置输出的三角波和方波电压信号的占空比，设定范围 1%～99%；
- Amplitude：振幅设置用于设置输出信号的峰值，可选范围 1～1 000 Vpp；
- Offset：偏移设置用于设置输出信号的偏置电压，即设置输出信号中直流成分的大小；
- Set rise/Fall time：设置方波的上升沿与下降沿的时间。

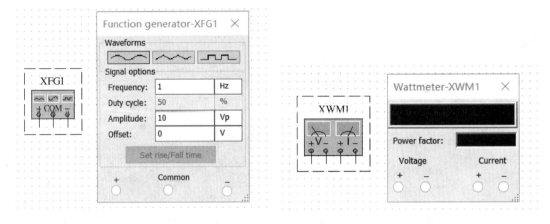

图 2-17　Multisim 函数信号发生器面板　　　　　图 2-18　Multisim 功率表

（3）功率表（Wattmeter）

Multisim 提供的功率表用来测量电路的交流或者直流功率。如图 2-18 所示，功率表有四个接线端子：电压（Voltage）正极（＋）和负极（－）、电流（Current）正极（＋）和负极（－）。功率表的面板包括显示文本框和接线端子。

- 显示文本框：上侧的文本框显示测量的有功功率，"Power factor"显示功率因素。
- 接线端子：Voltage 接线端子和被测支路并联，Current 接线端子和被测支路串联。

（4）双通道示波器（2 Channel Oscilloscope）

示波器是电子测量中使用最为频繁的重要仪器之一，可用来观测信号的波形并可测量信号的幅度、频率、周期和相位差等参数。双通道示波器的图标如图 2-19 左侧所示，可用来观察一路或两路信号波形的形状，分析被测周期信号的幅值和频率，时间基准可在秒至纳秒范围内调节。示波器图标有四个连接点：A 通道输入、B 通道输入、外触发端 T 和接地端 G。

双通道示波器的面板如图 2-19 右侧所示，由两部分组成：上面是示波器的观察窗口，显示 A、B 两通道的信号波形；下面是它的控制面板和数轴数据显示区。

（5）四通道示波器（4 Channel Oscilloscope）

四通道示波器与双通道示波器的使用方法和参数调整方式完全一样，只是多了一个通道控制器旋钮，当旋钮拨到某个通道位置，就能对该通道的 Y 轴进行调整。

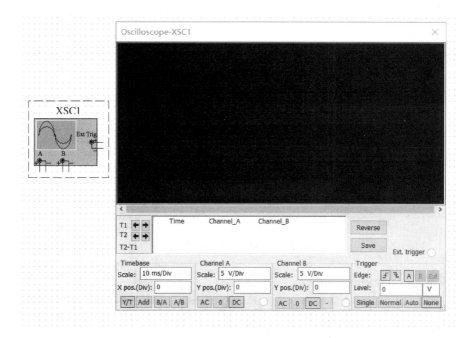

图 2-19 Multisim 双通道示波器

四通道示波器测试时,按照图 2-20 连接电路图,便可观察 D 触发器的输入和输出及时钟信号的波形。

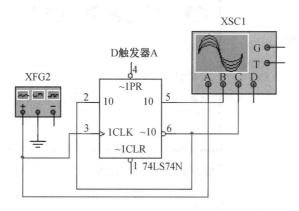

图 2-20 Multisim 四通道示波器测试电路

(6) 波特图仪(Bode Plotter)

波特图仪是一种用来测量和显示一个电路系统或放大器幅频特性和相频特性的仪器,是交流分析的重要工具,类似于实际电路测量中常用的扫频仪。其图标如图 2-21 左侧所示,共有四个端子: IN+, IN−, OUT+, OUT−, 其中 IN 两个端子连接系统信号输入端,OUT 两个端子连接系统信号输出端。需要注意,在使用波特图仪时,必须在系统的信号输入端连接一个交流信号源或函数信号发生器,此信号源由波特图仪自行控制,不需设置。

波特图仪控制面板如图 2-21 右侧所示,分为"Magnitude"(幅值)或"Phase"(相位)的选择、"Horizontal"(横轴)设置、"Vertical"(纵轴)设置、显示方式的其他控制信号,面板中的

"F"指的是终值,"I"指的是初值。在波特图仪的面板上,可以直接设置横轴和纵轴的坐标及其参数。

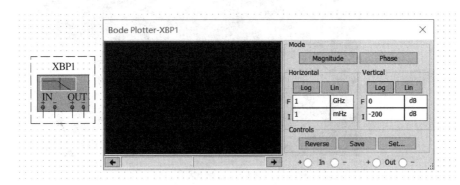

图 2-21　Multisim 波特图仪

（7）频率计（Frequency Couter）

频率计主要用来测量信号的频率、周期、相位,脉冲信号的上升沿和下降沿。如图 2-22 所示,左侧为频率计的图标及其与信号连接示意,右侧为频率计的参数设置面板,该部分包含 5 部分:测量结果显示文本框,"Measurement"选项,"Coupling"选项,"Sensitivity"选项和"Trigger Level"选项。

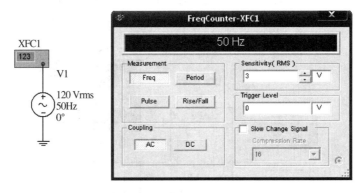

图 2-22　Multisim 频率计

● "Measurement"选项区包括"Freq"按钮、"Period"按钮、"Pulse"按钮和"Rise/Fall"按钮。

● "Freq"按钮:单击该按钮,则输出结果为信号频率。

● "Period"按钮:单击该按钮,则输出结果为信号周期。

● "Pulse"按钮:单击该按钮,则输出结果为高、低电平脉宽。

● "Rise/Fall"按钮:单击该按钮,则输出结果显示数字信号的上升沿和下降沿时间。

● "Coupling"选项区:选择信号的耦合方式,AC 表示交流耦合方式,DC 表示直流耦合方式。

● "Sensitivity"选项区:主要用于设置频率计的灵敏度。

● "Trigger Level"选项区:通过滚动文本框设置数字信号的触发电平大小。

（8）字信号发生器（Word Generator）

字信号发生器是一个通用的数字激励源编辑器，内有一个最大可达 0400H 的可编程 32 位数据区，数据区中的数据按一定的触发方式、速度、循环方式产生 32 位同步逻辑信号。字信号发生器的图标如图 2-23 所示，左右各 16 个端子，分别为 0～15 和 16～31 的逻辑信号输出端，可连接至测试电路的输入端。图标下面有 R 和 T 两个端子，R 为数据备用信号端，T 为外触发信号端。

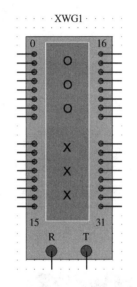

图 2-23　Multisim 字信号发生器

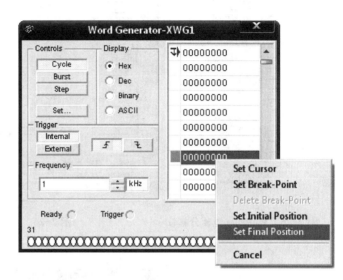

图 2-24　Multisim 字信号发生器面板

字信号发生器的面板如图 2-24 所示，左侧是控制面板，右侧是字信号发生器的字符窗口。控制面板包括字符编辑显示区和"Controls"（控制方式）、"Display"（显示方式）、"Trigger"（触发）和"Frequency"（频率）选项。

（9）逻辑分析仪（Logic Analyzer）

MultiSim 提供了 16 路的逻辑分析仪，用于数字信号的高速采集和时序分析，其图标如图 2-25 示。逻辑分析仪的连接端口左边为 16 路信号输入端，图标下部的 C、Q、T 三个端子分别为外时钟输入端、时钟控制输入端和触发控制输入端。

逻辑分析仪的面板分为上、下两个部分，如图 2-26 所示，上半部分是 16 路测试信号的波形显示区，如果某路连接有被测信号，则该路小圆圈内出现一个黑圆点。当改变连接导线的颜色时，显示波形的颜色随之改变。波形显示区有两根数轴，拖动数轴上方的三角形，可以左右移动数轴。下半部分是逻辑分析仪的控制窗口，控制选项有："Stop"（停止）、"Reset"（复位）、"Reverse"（反相显示）、"Clock"（时钟）设置和"Trigger"（触发）设置。

（10）逻辑转换器（Logic Converter）

Multisim 提供了一种独特的虚拟仪器，逻辑转换器。实际中没有这种仪器，逻辑转换器可以在逻辑电路、真值表和逻辑表达式之间进行转换。图 2-27 左侧所示为逻辑转换器的图标，其中包括 9 个端子，左边 8 个端子用来连接输入信号，最右边一个端子连接输出信号。只有逻辑电路转换为真值表时，才需要将其与逻辑电路相连接。

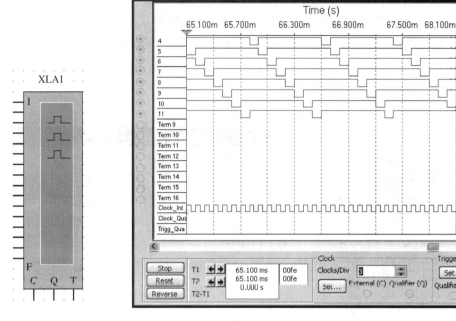

图 2-25 Multisim 逻辑分析仪   图 2-26 Multisim 逻辑分析仪面板

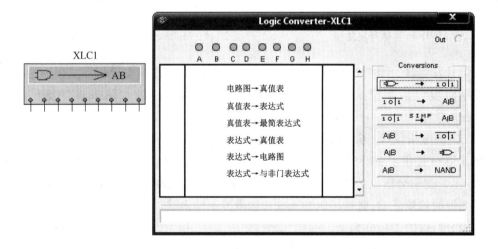

图 2-27 Multisim 逻辑转换器

图 2-27 右侧所示为逻辑转换器的面板,由 4 部分组成:A～H 八个输入端和 OUT 输出端(可供选用的输入逻辑变量)、真值表显示栏、逻辑表达式栏及逻辑转换方式选择区(Conversions)。其中 6 种转换功能依次是逻辑电路转换为真值表、真值表转换为逻辑表达式、真值表转换为最简逻辑表达式、逻辑表达式转换为真值表、逻辑表达式转换为逻辑电路、逻辑表达式转换为与非门电路。

(11) IV 分析仪(IV Analyzer)

IV 分析仪专门用来分析晶体管的伏安特性曲线,如二极管、NPN 管、PNP 管、NMOS

管、PMOS 管等器件。IV 分析仪相当于实验室的晶体管图示仪,将晶体管与连接电路完全断开时,才能进行 IV 分析仪的连接和测试。

IV 分析仪通过 3 个连接点,实现与晶体管的连接,其图标及相应连接示意如图 2-28 左侧所示。如图 2-28 右侧所示,IV 分析仪的操作界面包括图形显示窗、元器件状态显示文本框、"Components"下拉列表框、"Current Range(A)"复选框、"Voltage Range(V)"复选框、"Reverse"按钮、"Simulate param."按钮和接线端子指示窗(操作界面的右下角)组成。

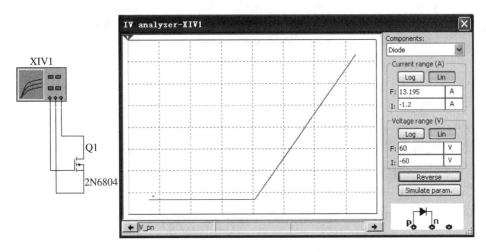

图 2-28　Multisim 的 IV 分析仪

"Simulate Parameters."用于伏安特性测试参数设置,单击该按钮,弹出"Simulate Parameters"对话框,如图 2-29 所示,"Simulate Parameters"对话框包括"Source name V_ce"和"Source name I_b"(对三极管可设置 V_ce 和 I_b。其他类型晶体管,则设置其他电压)。

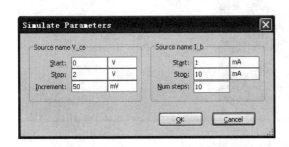

图 2-29　Simulate Parameters 对话框

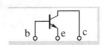

图 2-30　元器件的管脚

如图 2-30 所示,当在"Components"下拉列表框中选择元器件以后,该指示窗显示对应元器件的管脚(如三极管的 b、c 和 e),用来指示元器件和 IV 分析仪的图标连接。

(12) 失真度仪(Distortion Analyzer)

失真度仪用于测量电路的信号失真度以及信噪比等参数,常用于测量存在较小失真度的低频信号。失真度仪提供的频率范围为 20 Hz～100 kHz,共有 1 个接线端,其图标如图 2-31 左侧所示。失真度仪内部参数设置面板如图 2-31 右侧所示。

单击"Set"按钮,弹出"Settings"对话框,如图 2-32 所示,"Settings"对话框有如下选项:

● THD Definition:用来设置 THD 定义标准,可选择 IEEE 或 ANSI/IEC 标准。

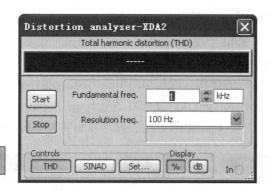

图 2-31 Multisim 失真度仪　　　　　图 2-32 "Settings"对话框

- Harmonic Num：设置谐波分析的次数。
- FFT Points：设置谐波分析的取样点数。

（13）频谱分析仪（Spectrum Analyzer）

频谱分析仪用来分析信号的频域特性，其频域分析范围的上限为 4 GHz，共有两个接线端，用于连接被测电路的被测端点和外部触发端，其图标如图 2-33 左侧所示。频谱分析仪内部参数设置面板如图 2-33 右侧所示，其中左侧为图形显示窗，显示窗下侧为状态栏，显示光标指针处对应的是频率和幅值。"Span control"用来控制频率范围，选择"Set span"的频率范围由"Frequency"区域决定；选择"Zero span"的频率范围由"Frequency"区域设定的中心频率决定；选择"Full span"的频率范围为 1 kHz～4 GHz。

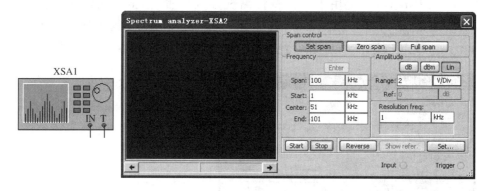

图 2-33 Multisim 频谱分析仪

单击"Set"按钮，弹出"Settings"对话框，如图 2-34 所示。

- Trigger source：设置触发源，有"Internal"（内部）和"External"（外部）两种触发源。
- Trigger mode：设置触发模式，有"Continuous"（连续）和"Single"（单触发）两种模式。
- Threshold volt.（V）：设置触发开启电压，大于此值时触发采样。

图 2-34 "Settings"对话框

● FFT Points：设置傅里叶计算的采样点数，默认为 1024 点。

（14）网络分析仪（Network Analyzer）

网络分析仪主要用来测量双端口网络的特性，如衰减器、放大器、混频器、功率分配器等。Multisim 提供的网络分析仪可以测量电路的 S 参数，并计算出 H、Y、Z 参数。网络分析仪共有两个接线端，用于连接被测电路的被测端点，对 RF 等电路的功率增益、电压增益和输入/输出阻抗等参数进行分析。其图标如图 2-35 左侧所示。网络分析仪的内部参数设置面板如图 2-35 右侧所示，其中左半部分为图形显示窗，用来显示图表、测量曲线以及标注电路信息的文字；右半部分则用来设置相关参数。

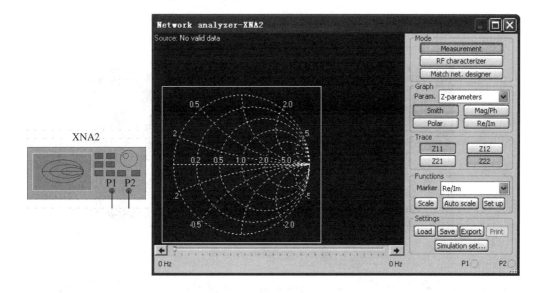

图 2-35　Multisim 网络分析仪

（15）仿真 Agilent 仪器

仿真 Agilent 仪器有三种：Agilent 信号发生器，Agilent 万用表，Agilent 示波器。这三种仪器与真实仪器的面板，按钮、旋钮操作方式完全相同，使用效果更加真实。

Agilent 信号发生器的型号是 33120A，面板如图 2-36 所示，这是一个高性能 15 MHz 的综合信号发生器，不仅能产生一般的正弦波、方波、三角波和锯齿波，而且还能产生按指上升或下降的波形等一些特殊的波形，并且还可以显示由 8～256 点描述的任意波形。Agilent 信号发生器有两个连接端，上方是信号输出端，下方是接地端。单击最左侧的电源按钮，即可按照要求输出信号。

Agilent 万用表的型号是 34401 A，面板如图 2-37 所示，这是一个高性能 6 位半的数字万用表。Agilent 万用表有五个连接端，单击最左侧的电源按钮，即可使用万用表，实现对各种电类参数的测量。Agilent 万用表五个接线端中上方的 4 个为两对测量输入端，左侧上下两个输入端（端口 2 和 4）中上方的为正极，下方端口为负极，最高电压范围为 1 000 V；右侧上下两个输入端（端口 1 和 3）最高电压范围为 200 V；最下面的一个端子（端口 5）为电流测试输入端。

图 2-36 Agilent 信号发生器

图 2-37 Agilent 万用表

Agilent 示波器的型号是 54622D,面板如图 2-38 所示,这是一个 2 个模拟通道、16 个逻辑通道、100 MHz 的宽带示波器。Agilent 示波器下方的 18 个连接端是信号输入端,右侧是外接触发信号端、接地端。单击电源按钮,即可使用示波器,实现各种波形的测量。Agilent 示波器有 21 个接线端,端子 1 和 2 为模拟信号输入端,端子 D0~D15 为数字信号输入端口,端子 3 为触发源,端子 4 为数字地,端子 5 为探针。

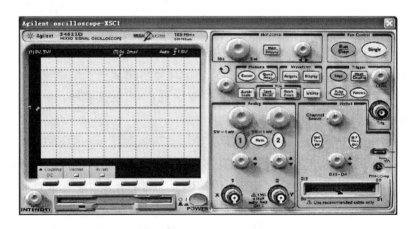

图 2-38 Agilent 示波器

（16）测量探针

测量探针是一种实时快速测量参数的虚拟仪器，它可以分为静态探针和动态探针两种使用方法。

动态探针指的是在电路仿真的过程中，在仪表栏选择"Measurement Probe"，将探针放置在电路中导线的任意一点，黄色窗口可立即显示此处电路的电压值，如图 2-39 所示。动态探针的属性可通过"Simulate"→"dynamic probe properties"设置。

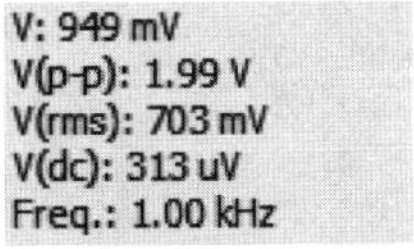

V: 949 mV
V(p-p): 1.99 V
V(rms): 703 mV
V(dc): 313 uV
Freq.: 1.00 kHz

图 2-39　动态探针

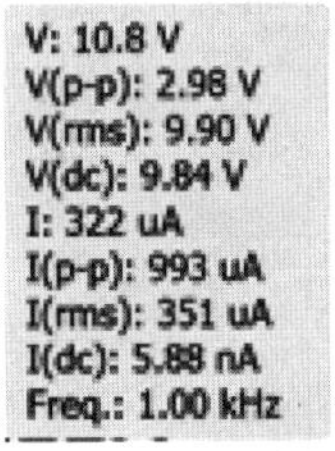

V: 10.8 V
V(p-p): 2.98 V
V(rms): 9.90 V
V(dc): 9.84 V
I: 322 uA
I(p-p): 993 uA
I(rms): 351 uA
I(dc): 5.88 nA
Freq.: 1.00 kHz

图 2-40　静态探针

静态探针指的是将探针拖至任意导线上，探针下侧会弹出黄色的小窗口，如图 2-40 所示，即可读出探测值。测量探针的测量结果根据电路理论计算得出，不对电路产生任何影响。

双击探针可对探针属性参数进行修改，选择"Display"，如图 2-41 所示，可用来设置背景、文本颜色以及信息显示框的大小。可选择"Auto-resize"项，自动将信息框的大小调整到适合显示所有内容的大小。

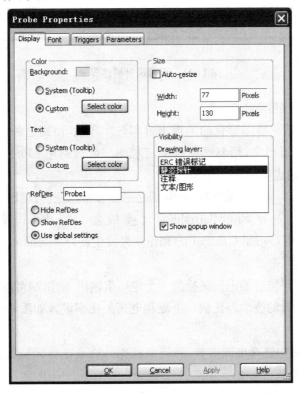

图 2-41　Display 界面

测量探针的属性如图 2-42 所示,通过修改"Show"的属性,可选择在探针显示的参数。

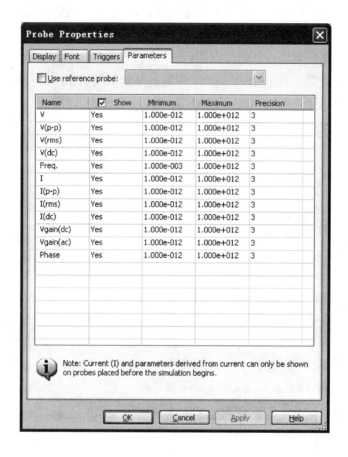

图 2-42 测量探针属性界面

（17）LabVIEW 仪器

LabVIEW 技术是一种图形化的编程语言和开发环境,使用这种语言编程可以从枯燥繁琐的程序代码中解放出来,绘制虚拟仪器流程图。可以利用 Multisim 中的虚拟采样仪器,也可以设计和自造虚拟仪器。

Multisim 中共有 7 种虚拟采样仪器,分别是三极管特性分析仪（BJT Analyzer）、阻抗计（Impedance Meter）、麦克风（Microphone）、播放器（Speaker）、信号分析仪（Sgnal Anatyzer）、信号发生器（Sgnal Generator）和流信号发生器（Streaming Signal Generator）。

（18）电流探头

电流探头可将电路流过的电流转换为一个电压值输出,输出端可以和示波器相连,示波器上显示的波形与电流的波形等比例。电流和电压的比率设置如图 2-43 所示。具体使用步骤如下:

① 在仪器工具栏中选择电流探针,并将电流探针放置在目标位置（注意不能放置在节点上）;

② 放置示波器在工作区中,并将电流探针的输出端口连接至示波器。

图 2-43　电流和电压的比率

2.5　基本操作

1）文件基本操作

与 Windows 常用的文件操作一样，Multisim 中也有：New—新建文件、Open—打开文件、Save—保存文件、Save As—另存文件、Print—打印文件、Print Setup—打印设置和 Exit—退出等相关的文件操作。

以上这些操作可以在菜单栏"File"的子菜单下选择相应命令，也可以应用快捷键或工具栏的图标进行快捷操作。

2）元器件基本操作

常用的元器件基本操作有：90 Clockwise—顺时针旋转 90°，90 CounterCW—逆时针旋转 90°，Flip Horizontal—水平翻转，Flip Vertical—垂直翻转，Component Properties—元件属性等。这些操作可以在菜单栏"Edit"子菜单下选择命令，也可以应用快捷键进行快捷操作。其中，元器件的旋转效果如图 2-44 所示。

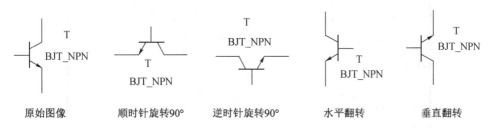

| 原始图像 | 顺时针旋转90° | 逆时针旋转90° | 水平翻转 | 垂直翻转 |

图 2-44　元器件的旋转效果

3）文本基本编辑

对文本的基本编辑有两种方式：直接在电路工作区输入文字；在文本描述框输入文字。两种操作方式有所不同。

（1）电路工作区输入文字

单击"Place"→"Text"命令或使用"Ctrl＋T"快捷操作后，用鼠标单击需要输入文字的位置，输入需要的文字。用鼠标指向文字块，单击鼠标右键，在弹出的菜单中选择"Color"命令，选择需要的颜色。双击文字块，可以随时修改输入的文字。

（2）文本描述框输入文字

如图 2-45 所示，利用文本描述框输入文字不占用电路窗口，可以对电路的功能、实用性等进行详细说明，也可以根据需要修改文字的大小和字体。单击"View"→"Circuit Description Box"命令或使用快捷操作"Ctrl＋D"，打开电路文本描述框，可在其中输入需要说明的文字，同时也可保存和打印输入的文本。

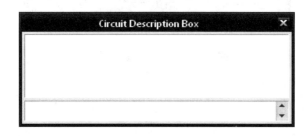

图 2-45　Multisim 文本描述框

4）图纸标题栏编辑

单击"Place"→"Title Block"命令，在打开对话框的查找范围处指向"Multisim /Titleblocks 目录"，在该目录下选择一个"＊.tb7"图纸标题栏文件，放在电路工作区。

用鼠标指向义字块，单击鼠标右键，在弹出的菜单中选择"Modify Title Block Data"命令，便可得图 2-46 所示的图纸编辑栏。

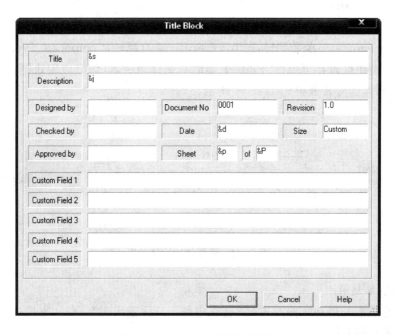

图 2-46　Multisim 图纸编辑栏

5）子电路创建

子电路是用户自己建立的一种单元电路。将子电路存放在用户器件库中，可以反复调用并使用子电路。利用子电路可使复杂系统的设计模块化、层次化，可增加设计电路的可读性，提高设计效率，缩短电路周期。创建子电路的工作需要 4 个步骤：选择、创建、调用、修改。

（1）子电路选择

把需要创建的电路放到电子工作平台的电路窗口上，按住鼠标左键，拖动、选定电路。被选择的电路部分由周围的方框标示，完成子电路的选择。

（2）子电路创建

单击"Place"→"Replace by Subcircuit"命令，在屏幕出现的 Subcircuit Name 对话框中输入子电路名称"sub1"，单击"OK"，选择电路复制到用户器件库，同时给出子电路图标，完成子电路的创建。

（3）子电路调用

单击"Place"→"Subcircuit"命令或使用"Ctrl＋B"快捷操作，输入已创建的子电路名称"sub1"，即可使用该子电路。

（4）子电路修改

双击子电路模块，在出现的对话框中单击"Edit Subcircuit"命令，屏幕显示子电路的电路图，可直接修改该电路图。

（5）子电路的输入/输出

为了能对子电路进行外部连接，需要对子电路添加输入/输出。单击"Place"→"HB"→"SB Connecter"命令或使用"Ctrl＋I"快捷操作，屏幕上出现输入/输出符号，将其与子电路的输入/输出信号端进行连接。只有带有输入/输出符号的子电路才能与外电路连接。

2.6　Multisim 的使用方法和实例

Multisim 的基础是正向仿真，为用户提供一个软件平台，允许用户在硬件实现以前，对电路进行观测和分析。具体的过程分为 5 步：文件的创建、取用元器件、连接电路、仪器仪表的选用与连接、电路分析。

为了帮助初学者轻松掌握 Multisim 的使用要领，下面将结合一个电路实例来说明基于 Multisim 进行电路设计和分析的具体实现过程。

【例】　利用 Multisim 软件对如图 2-47 所示电路进行仿真，分析电阻 R_2 两端的电压输出。

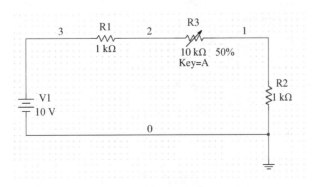

图 2-47　Multisim 仿真电路图

1）文件创建

启动 Multisim，进入主界面窗口，选择菜单栏中的保存命令后，会弹出"保存"窗口，选择合适的保存路径和输入所需的文件名"Example1"，然后点击保存按钮，完成新文件的创建，如图 2-48 所示。

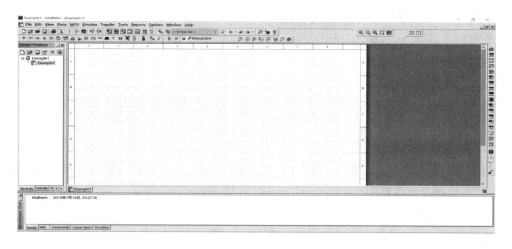

图 2-48　新建文件"Example1"

为适应不同的需求和用户习惯，用户可以用菜单："Options"→"Sheet Properties"打开电路图属性对话窗口，定制用户的通用环境变量，如图 2-49 所示。

图 2-49　电路图属性对话窗口

用户可以对其中每一项内容作相应的设置。以工作区标签为例,当选中该标签时,电路图属性对话框如图 2-50 所示。

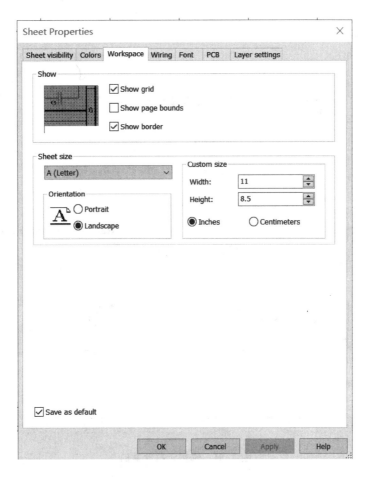

图 2-50　电路图属性的工作区设置对话框

在图 2-50 对话窗口中有 2 个分项:
- Show(显示):可以设置是否显示网格,页边界以及边界。
- Sheet size(电路图页面大小):设置电路图页面大小。

2) 元器件放置

由所要设计的电路实例可知,其中元器件主要包括电源、电阻和可变电阻。下面以选用电源为例来介绍元器件放置方法。

（1）选取元器件

选用元器件的方法有两种:从工具栏选用或从菜单选用。

- 从工具栏选用:打开元器件工具栏的小窗口。鼠标在元器件工具栏窗口中每个按钮上停留时,会有按钮名称提示出现,直接从元器件工具栏中点击"﹢"按钮,打开图 2-51 选择元器件的窗口。

- 从菜单选用:从菜单中选择"Place"→"Component",打开选择元器件的窗口。该窗口与图 2-51 一致。

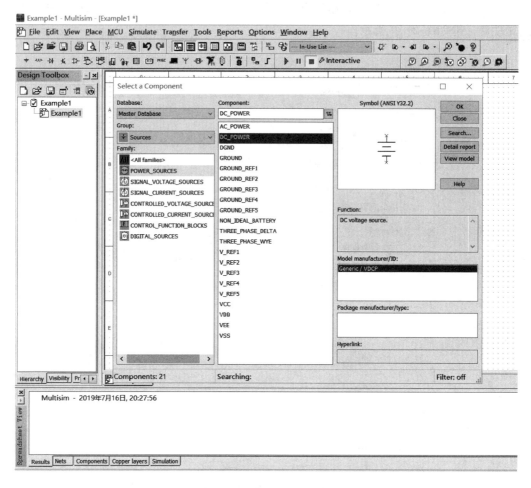

图 2-51　选用元器件窗口

在图 2-51 所示窗口中,首先,在数据库(Database)的下拉框中选择"Master Database",组(Group)的下拉框中选择"Sources";接着,在系列(Family)中选择"POWER_SOURCES",在元器件(Component)中选择"DC_POWER",这样,符号框(Symbol)中就出现相应的直流电源符号,如图 2-51 右上方所示;最后点击"OK"按钮即可。

(2)放置元器件

上述步骤完成后,系统自动关闭元器件选取窗口,回到电路设计窗口,此时鼠标的箭头旁边出现了直流电源的电路符号,该元件随着鼠标的移动而移动。将该元件移动到合适位置后,单击鼠标左键,便在电路设计窗口中完成了一个电源元件放置,如图 2-52 所示。同理,可根据需要放置第二个、第三个……,直至元器件放置完毕。单击鼠标右键,退出放置元器件的操作窗口。

(3)元器件属性修改

由图 2-52 可知,放置的电源符号显示为 12 V。若需修改电源电压的大小,可双击该电源符号,弹出如图 2-53 所示的属性对话框,在该对话框里,可以更改该元器件的属性。

若将电源电压改为 10 V,修改后的电路图窗口如图 2-54 所示。

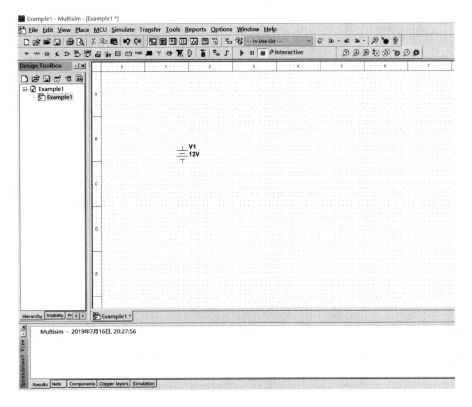

图 2-52　放置一个电源元件窗口

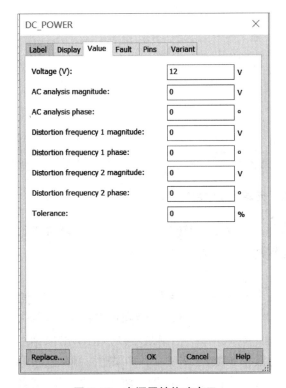

图 2-53　电源属性修改窗口

图 2-54　电源属性修改后的电路图

（4）元器件的移动和翻转

放置好所需电源元器件后，按照上述方法及其步骤，可继续完成两个 1.0 kΩ 电阻和一个 10 kΩ 可变电阻的放置。初步完成元器件放置后的窗口如图 2-55 所示。

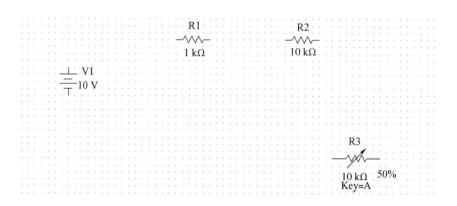

图 2-55　初步完成元件放置后的窗口

根据实际电路中各个元器件之间连线的需要，可对图 2-55 中的元器件进行进一步移动和翻转操作，完成后电路中各个元器件的放置位置如图 2-56 所示。

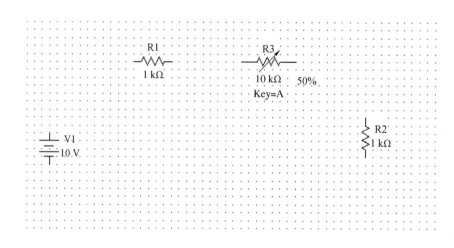

图 2-56　移动并翻转元器件后的窗口

需要指出的是，Multisim 除了可以对元器件进行移动、翻转等操作，还可对元器件进行复制、粘贴等操作。这些工作与 Window 其他软件操作方法一致，这里不再赘述。

3）电路连接

当所有元器件放置完毕，便可完成电路中各个元器件间的连线。在图 2-56 基础上，首先，将鼠标移动到电源的正极，当鼠标指针变成"◆"时，表明导线已经和正极连接好，单击鼠标左键将该连接点固定；接着，移动鼠标到电阻 R_1 的一端，当出现小红点后单击鼠标左键，这样便将导线正确连到了 R_1，完成连线后的效果如图 2-57 所示。如果想要删除这根导线，将鼠标移动到该导线的任意位置，点击鼠标右键，选择"Delete"即可将该导线删除；或者选中导线，直接按"delete"键删除。

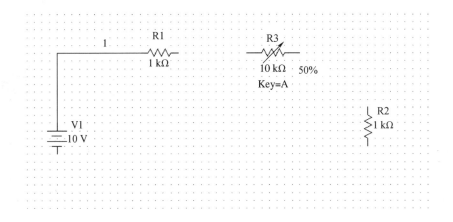

图 2-57 电源 V_1 和电阻 R_1 间的连线

根据上述方法,完成所有连线后的电路如图 2-58 所示。

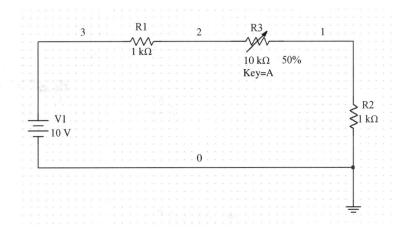

图 2-58 完成连线后的电路图

注意: 在电路中放置一个公共地线,在电路图的绘制中,公共地线是必需的。

4)仪器仪表的选用与连接

电路中基本元器件间完成连线后,为了对电路电阻 R_2 的输出进行仿真分析,需要在 R_2 两端添加万用表。此时,可以从仪器的工具栏中选用万用表,添加方法和步骤与元器件类似。添加万用表并完成连线后的电路如图 2-59 所示。

5)电路的仿真分析

电路连接完毕,检查无误后,便可进行仿真。点击仿真栏中的绿色开始按钮"▷",电路进入仿真状态。双击图中的万用表符号,即可弹出如图 2-60 右侧所示的对话框,其中显示了电阻 R_2 上的电压。R_3 是可调电阻,其调节百分比为 20%,即在这个电路中,R_3 阻值为 2 kΩ,此时可以对显示的电压值进行验算。

在调试运行的过程中,可以通过"A"或"Shift+A"键增减 R_3 所接入电路阻值的百分

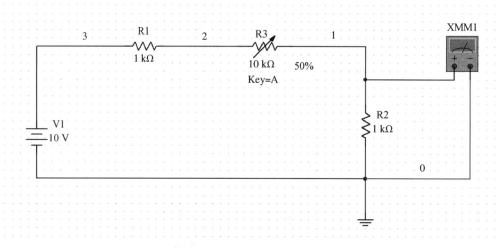

图 2-59 添加万用表后的电路图

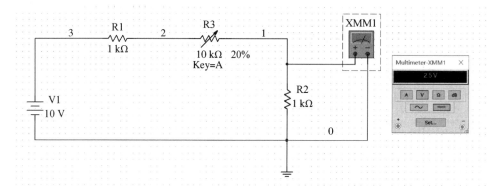

图 2-60 仿真结果图

比,或者拖动 R_3 旁边的滑动条,观察万用表的数值变化情况。

6)文件保存

当电路图绘制完成、仿真结束后,执行菜单栏中的"文件"→"保存"命令可以自动按原文件名将该文件保存在原来的路径中。在对话框中可选定保存路径,并可修改保存文件名。

第3章
LabVIEW 软件基础

3.1 LabVIEW 简介

LabVIEW 是一种程序开发环境,由美国国家仪器(NI)公司研制开发,类似于 C 语言和 BASIC 语言开发环境,但是 LabVIEW 与其他计算机语言的显著区别是:其他计算机语言都是采用基于文本的语言产生代码,而 LabVIEW 使用的是图形化编辑语言 G 编写程序,产生的程序是框图的形式。

LabVIEW 程序,又称虚拟仪器(Virtual Instruments,VI)其外观和操作均模拟真实的物理仪器,如示波器和万用表等。LabVIEW 既拥有采集、分析、显示和存储数据的一整套工具,还有完备的调试工具来解决用户编写代码过程中遇到的问题。

3.2 软件安装及开发环境入门

安装驱动程序前必须首先安装 LabVIEW。插入配套的 LabVIEW 安装光盘,按照提示进行安装。如无 LabVIEW 原始安装光盘,可在线下载 LabVIEW 最新版本。

注: 本书中所涉及的 LabVIEW 软件均指 LabVIEW2017 版本。

3.2.1 前面板

打开新 VI 或现有 VI 时,将显示 VI 的前面板窗口,该窗口是 VI 的用户界面,如图 3-1 所示。

3.2.2 控件选板

控件选板包含输入控件和显示控件,用于创建前面板。在前面板窗口单击"查看"→"控件选板",或右键单击空白处即可打开控件选板。控件选板包含各类控件,可根据需要选择显示全部或部分类别。图 3-2 中,控件选板显示了所有控件类别,并展开显示了"Modern"(新式)类别。

如要显示或隐藏类别(子选板),请点击"自定义"按钮,选择"更改可见选板"。

(1)输入控件和显示控件

每个 VI 都包含一个前面板。它可作为用户界面,在其他程序框图调用该 VI 时作为传

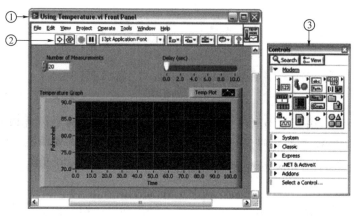

①前面板窗口；　②工具栏；　③控件选板

图 3-1　前面板窗口示例　　　　　　　　　　**图 3-2　控件选板**

递输入及接收输出的途径。将输入控件和显示控件放置在 VI 前面板上即可创建一个用户界面。前面板用作用户界面交互时,可在输入控件里修改输入值,然后在显示控件里查看结果。也就是说,输入控件决定输入,显示控件显示输出。

典型的输入控件有旋钮、按钮、转盘、滑块和字符串。输入控件模拟物理输入设备,为 VI 的程序框图提供数据。典型的显示控件有图形、图表、LED 灯和状态字符串。显示控件模拟了物理仪器的输出装置,显示程序框图获取或生成的数据。

图 3-1 中包含 2 个输入控件:"Number of Measurements"和"Delay(sec)",以及 1 个显示控件:"Temperature Graph"XY 坐标图。用户可以更改"Number of Measurements"和"Delay(sec)"显示控件的输入值,然后在"Temperature Graph"显示控件中观察 VI 生成的值。显示控件中的值是程序框图代码运行的结果。

每个输入控件和显示控件均有特定的数据类型。最常用的数据类型有数值型、布尔型和字符串型。上例中,"Delay(sec)"水平滑动杆延时的数据类型是数值型。

（2）数值输入控件和显示控件

数值型数据可表示各类数字,如整数和实数。LabVIEW 中两个常见的数值型对象是数值输入控件和数值显示控件,如图 3-3 所示。

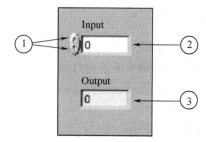

①增量/减量按钮;②数值输入控件;③数值显示控件

图 3-3　数值输入控件和显示控件

此外,仪表、转盘等也可表示数值数据。

在数值控件中,单击增量/减量按钮改变数值;双击数字输入新值,然后按"Enter"键。

(3) 布尔输入控件和显示控件

布尔型数据只能表示两种状态的数据:真或假,开(ON)或关(OFF)。布尔输入控件和显示控件分别用于输入和显示布尔值。布

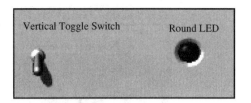

图 3-4　布尔输入控件和显示控件

尔型对象可模拟开关、按钮和 LED 灯。图3-4中的垂直摇杆开关和圆形 LED 灯就是布尔型对象。

(4) 字符串输入控件和显示控件

字符串型数据是一组 ASCII 字符。字符串输入控件用于从用户处接收文本,例如密码和用户名。字符串显示控件用于向用户显示文本。常见的字符串对象有表格和文本输入框,如图 3-5 所示。

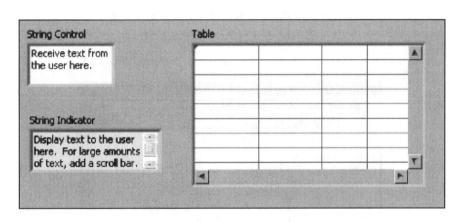

图 3-5　字符串输入控件和显示控件

3.2.3　程序框图

程序框图对象包括接线端、子 VI、函数、常量、结构和连线。连线用于在程序框图对象间传递数据。程序框图及其前面板如图 3-6 所示。

创建前面板后,需要添加图形化函数代码来控制前面板对象。如图 3-7 所示,程序框图窗口中包含了图形化的源代码。

(1) 接线端

前面板上的对象在程序框图中显示为接线端。接线端是前面板和程序框图交换信息的输入输出端口,它类似于文本编程语言的参数和常量。接线端的类型有输入/显示控件接线端和节点接线端,其中输入/显示控件接线端属于前面板上的输入控件和显示控件。如图 3-6所示,在程序设计过程中,首先,用户在前面板控件中输入的数据通过输入控件接线端进入程序框图(图中 a 和 b);接着,数据进入加和减函数,待加减运算结束后,输出新的数据值;最后,新数据进入显示控件接线端,更新前面板上显示控件中的值(图中a+b 和 a−b)。

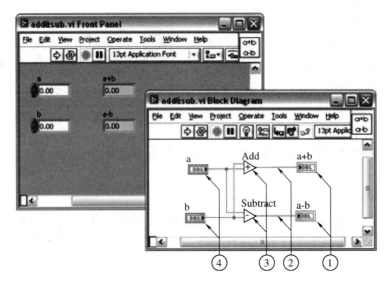

①显示控件接线端；②连线；③节点；④输入控件接线端

图 3-6　程序框图及其前面板示例

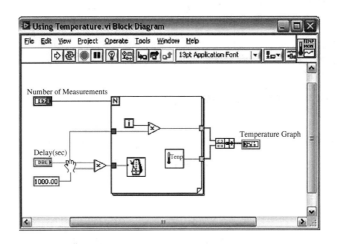

图 3-7　包含了图形化源代码的程序框图

（2）输入控件、显示控件和常量

输入控件、显示控件和常量用作程序框图算法的输入和输出。以计算三角形面积算法为例：

$$三角形面积＝0.5\times底\times高$$

在如图 3-8 所示的算法中，"Base"（底）和"Height"（高）是输入，"Area"（面积）是输出。由于用户无须更改或访问面积计算公式中的常量 0.5，因此其不出现在前面板上。

图 3-9 是计算三角形面积算法在 LabVIEW 程序框图上的实现代码。程序框图中有 4个接线端，分别由 2 个输入控件、1 个常量和 1 个显示控件生成。

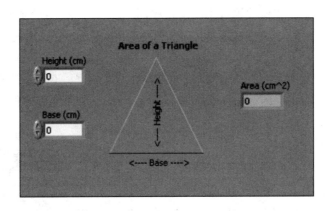

图 3-8　计算三角形面积的 VI 前面板

需要注意的是,程序框图中"Base(cm)"和"Height(cm)"两个接线端的外观与"Area (cm²)"接线端不同。输入控件和显示控件接线端有两个显著区别:①接线端上的数据流箭头不同。输入控件箭头的方向显示数据流出接线端,而显示控件箭头的方向则显示数据流入接线端。②接线端的边框不一样。输入控件的边框较粗,而显示控件的边框较细。

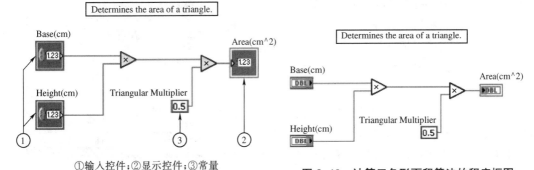

①输入控件;②显示控件;③常量

图 3-9　计算三角形面积算法的程序框图　　　图 3-10　计算三角形面积算法的程序框图
　　　　　（接线端显示为图标）　　　　　　　　　　　　　（接线端不显示为图标）

接线端既可以显示为图标,也可以不显示为图标。图 3-10 是不显示为图标的同一个程序框图,其中输入控件和显示控件的区别特征不变。

（3）程序框图节点

节点是程序框图上拥有输入/输出并在 VI 运行时执行某些操作的对象。节点相当于文本编程语言中的语句、运算、函数和子程序。节点可以是函数、子 VI、Express VI 或结构。结构是指过程控制元素,例如条件结构、For 循环和 While 循环。

（4）函数

函数是 LabVIEW 的基本操作元素。函数没有前面板或程序框图窗口,但有连线板。双击一个函数只能选择该函数。函数图标的背景为淡黄色。

（5）子 VI

一个 VI 创建好后可将它用在其他 VI 中,被其他 VI 调用的 VI 称为子 VI。子 VI 可以被重复调用。要创建一个子 VI,首先要为子 VI 创建连线板和图标。

子 VI 节点类似于文本编程语言中的子程序调用。节点并非子 VI 本身，就如文本编程中的子程序调用指令并非程序本身一样。程序框图中相同的子 VI 出现了几次就表示该子 VI 被调用了几次。

子 VI 的控件从调用方 VI 的程序框图中接收和返回数据。双击程序框图中的子 VI，可打开子 VI 的前面板窗口。前面板中包含输入控件和显示控件。程序框图中包含子 VI 的连线、图标、函数、子 VI 的子 VI 和其他 LabVIEW 对象。

每个 VI 的前面板和程序框图窗口右上角都有一个图标"![icon]"。它是一个默认的 VI 图标。图标是 VI 的图形化表示。图标中可以同时包含文本和图像。如将一个 VI 用作另一 VI 的子 VI，图标有助于在程序框图上辨识该 VI。默认图标中有一个数字，表示 LabVIEW 启动后打开新 VI 的个数。

要将一个 VI 用作子 VI，必须为它创建连线板，图标为"![icon]"。连线板是一组与 VI 中的控件相对应的接线端，类似于文本编程语言中的函数调用参数列表。右键单击前面板窗口右上角的该图标即可访问连线板，但程序框图窗口右上角的该图标不能访问连线板。子 VI 图标的背景为白色。

Express VI 属性通过对话框配置，因此所需的连线最少。Express VI 用于实现一些常规的测量任务。关于 Express VI 的详细信息，请参阅 LabVIEW 帮助中的 Express VI 题。在程序框图上，Express VI 显示为可扩展的节点，背景是蓝色。

（6）函数选板

函数选板中包含创建程序框图所需的 VI、函数和常量。在程序框图中选择"查看"→"函数选板"可打开函数选板。函数选板包含许多类别，可根据需要显示或隐藏。图 3-11 是一个包含全部类别的函数选板，其中的"Programming"（编程）类别展开显示。

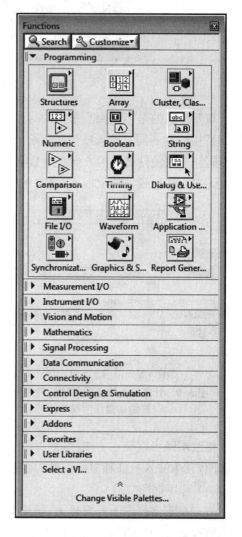

图 3-11　函数选板

要显示或隐藏类别，请点击"自定义"按钮，选择"更改可见选板"。

（7）搜索控件、VI 和函数

通过"查看"→"控件选板"或"查看"→"函数选板"打开控件或函数选板后，在顶部可以看见两个按钮。

● （搜索）：将选板转换为搜索模式，根据输入的文字查找选板上的控件、VI 或函数。选板处于搜索模式时，单击"返回"可退出搜索模式，返回选板。

● Customize▼（自定义）：更改当前选板的显示模式，例如显示或隐藏选板的类别，或在文本和树形模式下按字母顺序对选板上的项目排序。如点击快捷菜单中的"选项"，可打开选项对话框中的"控件"→"函数选板"页，为所有选板定义显示模式。该按钮只在选板左上角的图钉按钮按下时才显示。

在熟悉 VI 和函数的位置之前，可以使用搜索按钮搜索函数或 VI。例如，如要查找"随机数"函数，在顶部的文本框中键入"随机数"，在函数选板工具条上单击搜索按钮。LabVIEW 将列出以文字开头或包含文字的所有匹配项。单击需要的搜索结果，将其拖进程序框图中即可（图 3-12）。如双击搜索结果，可高亮显示其在选板中的位置。

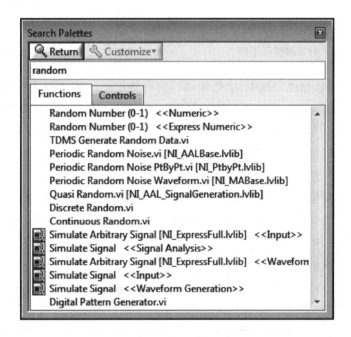

图 3-12　在函数选板中搜索对象

（8）快速放置

除上述方法外，利用"Ctrl-Shift-Space"键，打开"快速放置"对话框，查找和放置 VI。

"快速放置"在寻找某一具体函数和操作时很方便。在键入的同时，"快速放置"将自动完成匹配函数的名称输入。双击高亮需要的函数，然后单击程序框图或前面板上的位置放置函数。

3.2.4　图形化编程

LabVIEW 按照数据流的模式运行 VI。程序框图上的节点只有在接收到所有必要输入端的数据后才开始执行，节点执行后产生输出端数据，并将该数据传递给数据流路径中的下一个节点。数据流在节点中流动的过程决定了程序框图上 VI 和函数的执行顺序。

如图 3-13 所示为数据流编程示例，程序框图中两个数字相加，然后从结果中减去

50.00。该示例中,程序框图从左向右执行,这并非因为对象的放置顺序如此,而是因为"减"函数必须在"加"函数执行完并将数据传到"减"函数后才能执行。仅当节点的全部输入端上的数据都准备就绪,节点才能开始执行。仅当节点执行结束后,才能将数据传递至输出接线端。

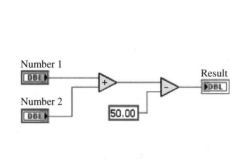

图 3-13　数据流编程示例　　　　图 3-14　多段代码的数据流示例

而在图 3-14 的数据流示例中,请思考哪一部分代码将优先执行:加、随机数还是除函数,答案是不知道。因为"加"和"除"函数同时有数据输入,而"随机数"不用数据输入。一段代码必须在另一段代码前执行,而两个函数间不存在数据依赖关系,可采用其他编程方法(例如顺序结构或错误簇)强制设定执行的顺序。

（1）连线

通过连线可以在程序框图对象之间传输数据。在图 3-13 和图 3-14 中,输入控件和显示控件接线端通过连线连接至"加"和"减"函数。每根连线都只有一个数据源,但可以与多个读取该数据的 VI 和函数连接。数据类型不同,连线的颜色、粗细和式样也不同。表 3-1 列出了最常见的连线类型。

表 3-1　常见的连线类型

连线类型	标量	一维数组	二维数组	颜色
数值				橙色(浮点数),蓝色(整数)
布尔				绿色
字符串				粉红色

LabVIEW 中,连线连接 VI 中的多个接线端来传递数据。连线连接的输入端和输出端数据必须兼容。例如,不能将数组输出端连接到数值输入端。另外,连线的方向也必须正确。连线必须仅有一个输入和至少一个输出。举例来说,两个显示控件之间不能连线。决定连线兼容性的因素包括输入/显示控件的数据类型和接线端的数据类型。例如,一个绿色边框的开关可与 Express VI 上任意带绿色标签的输入端相连;一个橙色边框的旋钮可与任

意带橙色标签的输入端相连。但是,一个橙色旋钮不能与带绿色标签的输入端相连。连线的颜色与接线端的颜色要相同。

而断线则显示为中间带有红色 X 的黑色虚线,显示效果为: - - -➔×▶- - - -。产生断线的原因有很多,例如,将数据类型不兼容的两个对象相连。

(2)自动连接对象

在程序框图上,如将一个对象移至另一对象近旁,LabVIEW 将显示临时连线,提示二者间有效的连线方式。将对象放置在程序框图上后松开鼠标,LabVIEW 将自动连接两个对象。此外,LabVIEW 还可对程序框图上已存在的对象执行自动连线,即对最匹配的接线端进行连线,而对不匹配的接线端不予连线。

从函数模板选择一个对象,或按住"Ctrl"键并拖动对象来复制程序框图上的某个对象时,自动连线方式将默认启用。用定位工具移动程序框图上已存在的对象时,自动连线默认为禁用。

通过选择"工具"→"选项",从类别列表中选择程序框图,可调整自动连线设置。

(3)手动连接对象

连线工具移至接线端时,将出现一个带接线端名称的提示框。此外,即时帮助窗口和图标上的接线端将闪烁,帮助确认正确的接线端。如要连接两个对象,首先将连线工具移至第一个接线端并单击,然后将光标移至第二个接线端并再次单击即可完成。连好后右键单击连线,从快捷菜单中选择"整理连线",LabVIEW 将自动整理连线路径。如要清除断线,请按"Ctrl+B"删除程序框图中的所有断线。

3.2.5 数据结构

1)字符串型

字符串是一串可显示或不可显示的 ASCII 字符,它提供了一种不依赖于平台的消息和数据格式,主要应用包括:

- 创建简单的文本消息。
- 通过发送文本命令控制仪器,并以 ASCII 或者二进制字符串的格式返回数据值,这些值可以被转换为数值型数据。
- 将数值数据存储在硬盘上。如要在 ASCII 文件中存储数值型数据,就必须在数据存储至硬盘前将数值型数据转换为字符串型数据。
- 通过对话框引导用户。

在前面板上,字符串可以通过表格、标签、文本输入框来表示。LabVIEW 内置的 VI 和函数,可以对字符串进行各种操作,如格式化字符串、解析字符串及其他编辑等。使用时,采用粉色来表示字符串数据。

2)数值型

LabVIEW 中数值型数据包括浮点数、定点数、整数、无符号数以及复数。其中,双精度数和单精度数以及复数在 LabVIEW 中都以橙色表示,所有整数则以蓝色表示。

注意:各种数值型数据的不同之处在于存储和表示数据时所使用的位数。

3）布尔型

LabVIEW 使用 8 个数据位来存储布尔型数据。在 LabVIEW 中可使用布尔型来表示 0 和 1、真和假。若 8 位都是 0,则布尔值为假;只要有任一位非 0,则布尔值为真。布尔型数据常用来表示数字数据,例如用于前面板输入控件中,使其成为带有一定机械动作的开关,从而控制条件结构等执行结构。同时,布尔控件还常用作退出 While 循环结构的条件。在 LabVIEW 中,采用绿色代表布尔型数据。

4）动态数据类型

大多数的 Express VI 均可接受和/或返回动态数据类型,以深蓝色来表示。

使用"转换至动态数据"和"从动态数据转换"VI,可以转换下列数据类型的浮点数值或布尔数据:

- 一维波形数组
- 一维标量
- 一维标量数组－最新值
- 一维标量－单通道
- 二维标量数组－列为通道
- 二维标量－行为通道
- 单一标量
- 单一波形

动态数据类型可连接至较为合适的表示数据的显示控件,如图形、图表、数值、布尔显示控件等。然而,由于动态数据必须自动转换以匹配所连接的显示控件,故 Express VI 常常会导致程序框图的执行速度变慢。

5）数组型

在某些特定应用中,将相互关联的数据归为一组,更方便处理。在 LabVIEW 中,可以使用数组和簇将相互关联的数据集合在一起。数组将相同类型的数据集合在一个数据结构中,而簇则将多种类型的数据集合在一个数据结构中。

数组由元素和维度组成。元素是数组中的数据。维度是数组的长度、高度或深度。一个数组可以是一维或多维的,而且每一维在内存允许的情况下可以有多达($2^{31}-1$)个元素。可以创建布尔值、数值、路径、字符串、波形以及簇的数组。对一组相似的数据进行操作或进行重复计算时,可考虑使用数组。在存储波形或循环结构所产生的数据,即每个周期产生一个元素时,数组是理想的选择。

注意: LabVIEW 中的数组索引都以 0 为起始。无论数组的维度如何,第一个元素的索引均为 0。

数组中的元素是有序的,因此可通过索引访问数组中任意元素。索引从 0 开始,即索引的范围是 0 到 $n\sim1$,其中 n 是数组中元素的个数。例如,设数组元素为一年的 12 个月,$n=12$,因此索引范围为 $0\sim11$。其中"三月"是第三个月,其索引值为 2。

图 3-15 所示为一个数值数组的范例。数组中的第一

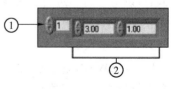

①索引框;②元素框

图 3-15　数值数组控件

个元素(3.00)的索引为 1,第二个元素(1.00)的索引为 2。图中未显示索引为 0 的元素,因为索引显示控件选择了元素 1。在索引框中所显示的值,是指最左上角的元素的索引值。

(1) 创建数组输入控件和显示控件

如图 3-16 所示,在前面板上添加一个数组框,然后将数据对象或元素(如数值或字符串控件)拖入其中,即可添加输入控件或显示控件的数组。

如将一个无效的输入或显示控件拖入数组框中,则无法实现该操作。

在程序框图中使用数组前,必须在数组框中插入对象,否则数组的接线端为空,不会产生任何相关的数据类型。

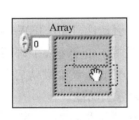

图 3-16 将数值控件拖入数组框内

图 3-17 二维数组

(2) 二维数组

前面的例子都是一维数组。而二维数组则是以网格的方式存储数据。它需要一个列索引和一个行索引来定位一个元素,且二者都是以 0 作为起始索引。图 3-17 给出了一个 8 列 8 行的二维数组,其中包含 $8 \times 8 = 64$ 个元素。

如要在前面板上添加一个多维数组,右键点击索引显示框,并选择快捷菜单中的"添加维度"。此外,也可以改变索引框的大小,直至出现所需维数。

(3) 初始化数组

初始化数组即定义各个维度中元素的个数与内容。数组可以进行初始化,也可以不进行初始化。一个未初始化的数组包含固定的维数,但不包含任何元素。如图 3-18 所示为一个未经初始化的二维数组控件。请注意其元素均无法选择,表明此数组是未经初始化的。

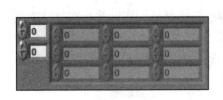

图 3-18 未经初始化的二维数组

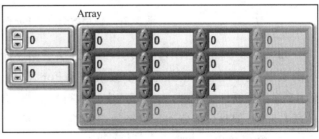

图 3-19 带有 9 个初始化元素的二维数组

在一个二维数组中,若初始化某一列中的元素之后,该列及其前面的未初始化的列都将自动初始化,并被赋予相应数据类型的默认值。如图 3-19 所示,在以 0 为起始的第 2 列中输入 4,则第 0,1,2 列将自动被初始化为 0,即数值数据类型的默认值。

（4）创建数组常量

若要在程序框图上创建一个数组常量,可在函数选板上选择"数组常量",并将数组框放置到程序框图中,然后在数组框内放置字符串常量、数值常量、布尔常量以及簇常量。数组常量用于存储常量数据或同另一个数组进行比较。

（5）自动索引数组输入

将数组连线到 For 循环或者 While 循环时,通过自动索引功能可将每次迭代与数组中的一个元素相连。此时,循环的隧道从实心方块变成空心,表明已启用自动索引功能。右键单击隧道,从快捷菜单中选择"启用索引"或"禁用索引",可以切换隧道的状态。

（6）数组输入

若对连接至 For 循环输入接线端的数组启用了自动索引动能,LabVIEW 会将循环的次数自动设定为数组的大小,因此无须连接循环计数的接线端。由于 For 循环每次可处理数组中的一个元素,因此只要是连接至 For 循环的数组,LabVIEW 就会默认启用自动索引功能。如不需要一次处理数组中的一个元素,可以禁用自动索引功能。

如图 3-20 所示,For 循环执行的次数等同于数组中的元素数量,其运行箭头是完整的。通常情况下,如果 For 循环的计数接线端没有连线,运行箭头就是断开的。

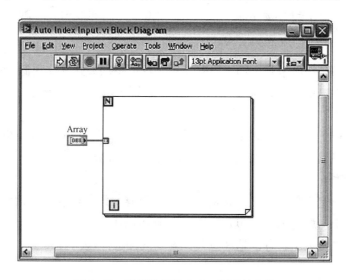

图 3-20　使用数组决定 For 循环的次数

如果有多个隧道启用自动索引,或者连接了循环计数端,则循环的实际执行次数将取其中的最小值。举例来说,如有两个数组进入 For 循环（分别有 10 个、20 个元素）,同时将数值 15 连接至循环计数端,则循环的实际执行次数为 10 次。此时虽然可以索引第一个数组的所有元素,但是仅能索引第二个数组的前 10 个元素。

（7）数组输出

当自动索引一个数组的输出隧道时,每一次循环输出一个新元素到数组。因此,自动索引输出数组的大小等于循环的次数。此时,连接输出隧道和数组显示控件的连线将变粗,表明它将输出一个数组,且输出隧道中将包含一个方框。

在循环隧道上点击右键,并在快捷菜单中选择"启用索引"或"禁用索引",即可启用或关闭自动索引功能。While 循环的自动索引功能是默认关闭的。

举例来说,若要隧道仅输出最后一次循环的值,则需要停用自动索引。

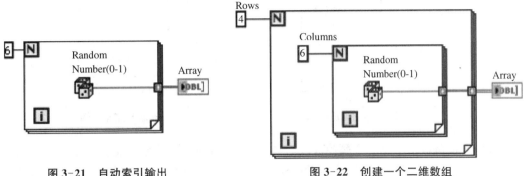

图 3-21 自动索引输出　　　　　　　　　图 3-22 创建一个二维数组

(8) 创建二维数组

将一个 For 循环嵌入另一个 For 循环中,即可创建二维数组。如图 3-22 所示,外层的 For 循环可以创建行元素,内层的 For 循环可以创建列元素。

6) 簇

簇可以将混合类型的数据集合在一起。LabVIEW 错误簇就是常见簇之一,它包含一个布尔值、一个数值以及一个字符串。簇类似于文本编程语言中的记录或者结构体。

将多个数据元素捆绑在一起,可以使程序框图上的连线更加简洁,减少子 VI 的接线端的数量。接线板最多可以有 28 个接线端,如果一个 VI 的前面板上有超过 28 个控件需要将值传递至另一个 VI,则可以将其中的一部分集合到一个簇中,并为其分配一个接线端即可。

程序框图上的大多数簇的连线和数据类型接线端都是粉色的。错误簇的连线与数据类型接线端则是暗黄色。数值类型的簇(有时视为点)则使用棕色的连线与数据类型接线端。将棕色的数值簇连接至数值运算函数(如加运算或求方根),即可以对簇中的所有元素同时进行运算。

(1) 簇中元素的顺序

虽然簇与数组中的元素均有顺序,但是使用解除捆绑函数就可将簇内的所有元素拆开。例如,可以使用"按名称解除捆绑"函数将簇内的元素按名称解除捆绑,但簇中的每一个元素必须要有标签。与数组不同,簇的大小是固定的,但与数组相同的是,一个簇里面要么全是输入控件,要么全是显示控件。簇中不能同时含有输入控件和显示控件。

(2) 创建簇控件

如图 3-23 所示,将簇框添加到前面板上,再将数据对象或元素(可以是布尔、枚举、数组、数值、字符串、路径以及簇控件)拖拽至框内,即可在前面板上创建簇输入控件或显示控件。另外,通过拖拽鼠标游标,可以改变簇框的尺寸。

图 3-24 所示是一个含有 3 个输入控件的簇:一个字符串、一个布尔开关和一个数值控件。

(3) 创建簇常量

若要在程序框图中创建簇常量,可在函数选板上选择"簇常量",并将簇外框放置到程序框图上,然后在框内放置一个字符串常量、数值常量、布尔常量或者簇常量。簇常量用于存储常量数据或与另一个簇进行比较。

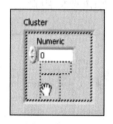

图 3-23　创建簇输入控件

图 3-24　簇输入控件示例

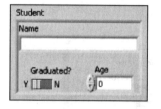

若前面板窗口中已有一个簇控件或者显示控件,同时又想在程序框图中创建一个包含同样元素的簇常量,可以将该簇从前面板窗口拖曳到程序框图中,或者在前面板窗口中右键单击该簇,从快捷菜单中选择"创建"→"常量"即可。

（4）使用簇函数

簇函数用于创建并操作簇。一般地,可执行下列操作:

● 从簇中提取一个数据元素。

● 向簇中添加一个数据元素。

● 将簇分解为单独的数据元素。

另外,也可以使用"捆绑"函数来组装一个簇。"捆绑"与"按名称捆绑"函数可以修改簇;而"解除捆绑"与"按名称解除捆绑"则可以将簇解绑。

在程序框图上右键单击"簇接线端",从快捷菜单中选择"簇、类与变体"选项,可在程序框图上放置"捆绑""按名称捆绑""解除捆绑"和"按名称解除捆绑"函数。"捆绑"或"解除捆绑函数"自动产生正确的接线端数量。"按名称捆绑"与"按名称解除捆绑"函数只显示簇中的第一个元素,但此时可通过位置调整工具来改变"按名称捆绑"和"按名称解除捆绑"函数的大小,以显示簇内的其他元素。

（5）组装簇

"捆绑"函数可以将独立的元素组装成簇,或者改变现有簇中的个别元素值,而无须更新所有元素的值。使用位置调整工具可重新设定捆绑函数的大小,或者可在元素输入端上点击右键后选择快捷菜单中的"添加输入",如图 3-25 所示。

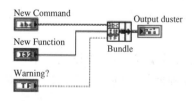

图 3-25　在程序框图中组装一个簇

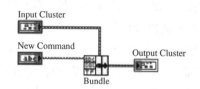

图 3-26　使用"捆绑"函数修改一个簇

（6）修改簇

若要连接簇的输入,则只需连接需要修改的元素。如图 3-26 所示,其中有三个控件,如果已知簇中元素的顺序,可以使用"捆绑"函数来连线,从而更改"Command"元素的值。

也可以使用"按名称捆绑"函数,以改变或获取现有簇中的带标签元素。"按名称捆绑"函数的功能接近于"捆绑"函数,但不是按照簇中的顺序来引用元素,而是按其标签来引用元素。只能按标签访问元素。输入的数量不需要与输出簇的元素数量匹配。使用操作工具点击输入接线端,并在下拉菜单中选择一个元素。也可右键点击输入接线端,通过下拉菜单中的选项来选择元素。

如图 3-27 所示,可以通过"按名称捆绑"函数来修改"Command"与"Function"的值。

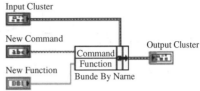

图 3-27　使用"按名称捆绑"函数修改簇

对于开发过程中可能发生改变的数据结构,建议使用"按名称捆绑"函数。为簇添加一个新元素或者改变元素的顺序时无须对"按名称捆绑"函数重新连线,因为这些名称仍然有效。

(7) 解簇

"解除捆绑"函数用于将簇分割为独立的元素。

"按名称解除捆绑"函数用于根据用户所指定的名称,返回簇内元素。输出接线端的数量与输入簇中元素的数量不必相同。

使用操作工具点击输出接线端,在下拉菜单中选择一个元素。也可右键点击输出接线端,通过下拉菜单中的选项来选择元素。

以图 3-28 为例,如对簇使用"解除捆绑"函数,则该簇具有的 4 个输出端点与簇中的 4 个控件相对应。本例中,用户必须知道簇内元素的顺序,才能将簇分解后的布尔控件与簇内的开关控件对应起来。元素从 0 开始,顺序为从上到下。若使用"按名称解除捆绑"函数,则输出接线端的数量可以任意指定,并可根据元素的名称存取独立的元素,而无须依照其顺序。

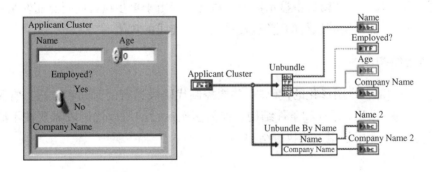

图 3-28　解除捆绑和按名称解除捆绑

7) 枚举

枚举包含输入控件、常量与显示控件,是多种数据类型的集合。枚举代表成对的值,是一个字符串和一个数值。枚举中可以包含一组或多组的值。举例来说,若创建一个枚举类型称为"Month",则"Month"变量的值对可能为 January-0、February-1,直到 December-11。图 3-29 显示了枚举输入控件的属性对话框中的值对。只要在枚举控件处点击右键,选择编辑项即可直接使用此功能。

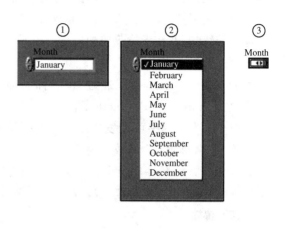

图 3-29 Month 枚举控件属性对话框

①前面板控件；②选择一个项；③程序框图对象

图 3-30 Month 枚举控件

与字符串相比，由于枚举便于在程序框图上操作数字，所以用途比较广泛。图 3-30 显示了上述 Month 枚举控件、所选的值对以及相应的程序框图接线端。

8）探针工具

使用探针工具，可在 VI 运行时检查连线实时传递的值。

如程序框图比较复杂，操作繁多，且每一步都可能返回错误的值，此时可以使用探针工具。探针工具结合执行过程高亮显示、单步执行以及断点，可用于确定是否产生了数据错误以及错误发生在哪里。高亮显示执行过程、单步调试或在断点处暂停时如有数据产生，探针会立即更新并在探针监视窗口中显示数据。执行过程由于单步执行或断点而在某一节点处暂停时，可用探针探测刚刚执行的连线，查看流经该连线的数值。

3.2.6 执行结构

执行结构内部包含图形化的代码段，并能控制代码段运行的时间和方式。常见的执行结构有 While 循环、For 循环和条件结构。如需多次运行同一段代码或需要按不同的条件执行不同代码，可考虑使用上述执行结构。

1）循环结构

（1）While 循环

While 循环与文本编程语言中的 Do 循环或 Repeat-Until 循环类似，循环执行所包含的代码直到满足某个条件为止。图 3-31 所示即为 LabVIEW 中的 While 循环、While 循环的流程图和 While 循环功能的伪码示例。

While 循环在结构选板上选中 While 循环后，在程序框图上用鼠标在需重复执行的代码周围拖曳出一个矩形。松开鼠标后，选中的代码部分即被 While 循环的边框包围。可通过拖放将程序框图中的对象放进 While 循环。

While 循环重复执行所包含的代码，直到条件接线端（一个输入接线端）接收到特定的

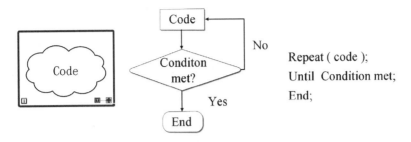

①LabVIEW While 循环；②流程图；③伪码示例

图 3-31 LabVIEWWhile 循环示例

布尔值为止。

While 循环的条件接线端也可进行基本的错误处理。此时可将错误簇连接到条件接线端，错误簇的"状态"参数的 TRUE 或 FALSE 值将传递到该接线端。同时，"真(T)时停止"和"真(T)时继续"快捷菜单将自动转换为"错误(F)时停止"和"错误(F)时继续"。

循环计数接线端""是一个输出接线端，输出已完成的循环次数。

注意：While 循环计数总是从 0 开始，While 循环至少执行一次。

（2）无限循环

无限循环是一个常见的编程错误，指循环永不停止。

假设用户将条件接线端设置为"真(T)时停止"，同时在 While 循环外部放置了一个布尔控件，如控件的值在循环开始时为 FALSE，那么就造成了一个无限循环。

图 3-32 所示即为一个无限循环，因为"随机数"函数永远不会生成大于 10 的值。

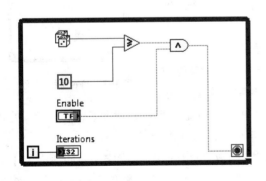

图 3-32 无限循环示例

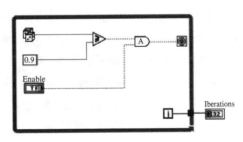

图 3-33 While 循环隧道

（3）结构隧道

隧道用于接收和输出结构中的数据。隧道显示为 While 循环边框上的实心方块。方块的颜色取决于连至隧道的数据类型的颜色。循环中生成的数据要待循环中止后才输出循环。如有隧道向循环输入数据，数据到达隧道后循环才开始执行。

图 3-33 中，循环计数接线端与隧道相连，隧道中的值待 While 循环停止后才向"Iterations"显示控件传递。

因此,"Iterations"控件只会显示循环计数接线端最后的值。

（4）For 循环

For 循环按既定的次数执行子程序框图。图 3-34 显示了 LabVIEW 中的 For 循环、For 循环的流程图和 For 循环功能的伪码示例。

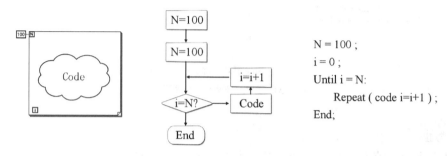

N = 100 ;
i = 0 ;
Until i = N :
    Repeat (code i=i+1) ;
End;

①LabVIEW For 循环;②流程图;③伪码示例

图 3-34 For 循环

For 循环在结构选板上。While 循环也可转换为 For 循环,只需右键单击 While 循环的边框,然后从快捷菜单中选择"替换为 For 循环",即可实现。

循环总数接线端"🅽"是一个输入接线端,表示重复执行子程序框图的总次数。

循环计数接线端"🅸"是一个输出接线端,输出已完成的循环次数。

For 循环计数总是从 0 开始。For 循环与 While 循环的区别在于:For 循环只执行指定的次数,而 While 循环会重复执行,直至条件接线端接收到特定的值。

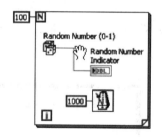

图 3-35 中的 For 循环每秒产生一个随机数,共执行 100 秒,并在数值显示控件中显示产生的随机数。

为循环添加定时:当循环结构执行一次循环后,会立刻开始执行下一次循环,除非满足停止条件。通常情况下,需要控制循环的频率或为循环定时。例如,如果希望每 10 秒钟采集

图 3-35 For 循环示例

一次数据,就需要将循环的时间间隔定为 10 秒钟。即使循环不需要满足特定的频率,处理器也需要在一定时间内完成其他任务,如响应用户界面事件等。

等待函数:在循环结构内部放置一个"等待"函数,可以使 VI 在指定的时间段内处于睡眠状态。在这段等待时间内,处理器可以处理其他任务。"等待"函数使用的是操作系统的毫秒时钟。

"等待(ms)"函数"🕒"使循环保持等待状态,直至毫秒计数器的值等于预先指定的值。该函数可保证循环的执行速率至少等于指定值。

2）条件结构

条件结构包括两个或两个以上子程序框图(也称"条件分支")。条件结构每次只能显示一个子程序框图,执行一个条件分支。执行哪个子程序框图由输入值决定。条件结构类似于文本编程语言中的 switch 语句或"if...then...else"语句。

分支选择器标签"◀ True ▼"位于条件结构顶部,中间是当前分支在选择器中的名称,左右两边是递增和递减箭头。单击递减和递增箭头可浏览所有条件分支。也可单击分支名旁边的向下箭头,在下拉菜单中选择一个条件分支。

将一个输入值或选择器"?"连接至选择器接线端,即可决定将执行的条件分支。

选择器接线端支持的数据类型有数值型、布尔型、字符串型和枚举型。选择器接线端可放在条件结构左边框的任意位置。如选择器接线端的数据类型是布尔型,则条件结构包含真和假两个条件分支。如选择器接线端的数据类型是数值型、字符串型或枚举型,则条件结构可以有任意个条件分支。

注意: 默认情况下,连接至选择器接线端的字符串区分大小写。如要让选择器不区分大小写,将字符串连接至选择器接线端后,右键单击条件结构的边框,从快捷菜单中选择"不区分大小写匹配"即可。

如不为条件结构创建一个处理范围外输入值的默认条件分支,则应列举所有可能输入值的条件分支。例如,如果选择器的数据类型是整型,并且只有 1,2,3 三个条件分支,则必须创建一个默认分支来处理输入值为 4 或其他整型的情况。

注意: 如将布尔控件连接至选择器,则不能指定默认分支。此时右键单击分支选择器标签,快捷菜单中将不会出现"本分支设置为默认分支"选项。条件结构将根据布尔控件输出的 TRUE 或 FALSE 值来决定执行的分支。

右键单击条件结构的边框可添加、复制、删除或重新排列分支以及选择默认条件分支。

(1) 条件分支的选择

图 3-36 中的 VI 使用了条件结构,根据用户选择的温度单位的不同(摄氏或华氏)而执行不同的代码。最上方的程序框图显示了条件分支"True"的代码。中间的程序框图显示了如何选择"False"分支。要选择分支,可在条件选择器标签内输入值或使用标签工具编辑值。选择完分支后,该分支会显示在程序框图上,如图 3-36 程序框图底部所示。

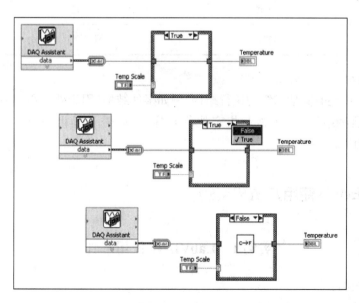

图 3-36　改变条件结构显示的条件分支

如输入选择器的值与连接到选择器接线端的对象不是同一类型,则选择器值变成红色,表示只有编辑或删除该值后 VI 才可运行。此外,选择器标签值不能为浮点数,因为浮点运算可能存在四舍五入误差。如连接一个浮点数到条件分支,LabVIEW 会对其舍入到最近的整数值。如在分支选择器标签中输入浮点数,数值将变成红色,表示在执行条件结构前必须删除或编辑该值。

（2）输入和输出隧道

条件结构可拥有多个输入输出隧道。所有输入均可为各分支所用,但每个分支不需要使用所有输入。但是,各分支必须定义其输出隧道。

假设程序框图上有这样一个条件结构：它有一个输出隧道,但其条件分支中至少有一个没有连接输出值到该隧道。运行该分支,LabVIEW 将无法判断应返回的输出值。如输出隧道为空心,则说明存在上述错误。需注意的是,未连线的分支可能并非是当前程序框图显示的分支。

要解决上述错误,需找到未连接输出值的条件分支,给输出隧道连接一个输出值。此外,也可右键单击输出隧道,选择"未连线时使用默认",为所有未连接的输出隧道使用隧道数据类型的默认值。当所有分支的输出均已连线时,输出隧道显示为实心。

应避免使用"未连接时使用默认"选项,因为使用该选项无法详细呈现程序框图,使代码难以理解。此外,该选项还增加了调试代码的难度。需注意的是,如选择了该选项,输出默认值是与隧道相连的数据类型的默认值。例如,如果隧道是布尔数据类型,则默认值为FALSE。其他数据类型的默认值见表 3-2。

表 3-2　各数据类型的默认值

数据类型	默认值
数值	0
布尔	FALSE
字符串	空值（" "）

3）其他结构

LabVIEW 中还有其他高级的执行结构,例如事件结构（用于处理用户界面交互等中断驱动任务）和顺序结构（用于强制指定执行顺序）。如需了解相关内容,请参阅相应的 LabVIEW 帮助主题。

3.3　LabVIEW 的使用方法和实例

实例 1　LabVIEW 使用基础

一、实验目的

● 了解 LabVIEW 的编程环境,学会基本 VI 的创建与编辑。

● 掌握常用的数值、布尔与字符串等数据操作方式。

二、实验内容和步骤

【实验内容一】 创建一个 VI,计算两数值的和并显示。

【实验步骤】

1. 新建一个 VI

选择"文件"→"新建 VI"。

2. 前面板的设计

(1) 添加两个数值输入控件。依次选择"控件"→"新式"→"数值"→"数值输入控件",拖两个数值输入控件到前面板,将标签改为"加数1""加数2"。

(2) 添加一个数值显示控件。依次选择"控件"→"新式"→"数值"→"数值显示控件",拖入前面板中,将标签改为"和"。完成的前面板,如图 3-38 所示。

3. 程序框图的设计

(1) 添加加函数。依次选择"函数"→"编程"→"数值"→"加",拖入一个加函数到程序框图中。

(2) 利用工具面板中的连线工具"",完成程序框图中的连线。

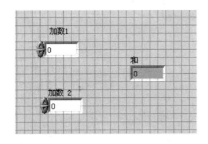

图 3-38 前面板设计

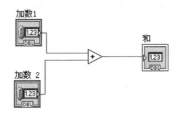

图 3-39 程序框图设计

完成后的程序框图,如图 3-39 所示。

(3) 运行 VI 程序。点击"⊗"按钮,改变加数的值,确认求和是否正确。

(4) 保存正确无误的 VI 程序。

【实验内容二】 利用 LabVIEW 中布尔开关控制布尔灯的亮灭。

【实验步骤】

1. 前面板的设计

(1) 添加一个布尔开关。依次选择"控件"→"新式"→"布尔"→"垂直遥感开关",拖入前面板中,将标签改为"开关"。

(2) 添加一个布尔指示灯。依次选择"控件"→"新式"→"布尔"→"圆形指示灯",拖入前面板中,将标签改为"指示灯"。

完成的前面板,如图 3-40 所示。

图 3-40 前面板设计

2. 程序框图的设计

（1）用连线工具将开关与指示灯相连，如图 3-41 所示。

图 3-41　程序框图设计

（2）运行 VI 程序。点击按钮""，点击开关，观察指示灯是否亮。

（3）改变开关的机械动作。点击按钮""，停止程序，选中开关，再单击右键，在其快捷菜单中选择机械动作，如图 3-42 所示，共有 6 个选项，依次选用这 6 个机械动作并运行程序，观察灯的亮灭与开关动作的关系。

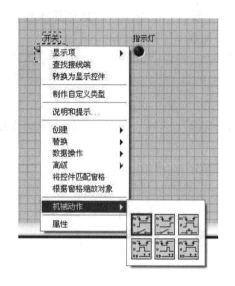

图 3-42　机械动作

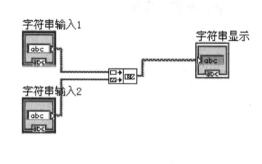

图 3-43　程序框图设计

【实验内容三】　将两个短字符串连接成一个长字符串进行显示。

【实验步骤】

1. 在前面板中，依次选择"控件"→"新式"→"字符串与路径"→"字符串输入控件"，添加两个字符串输入控件，将标签改为"字符串输入 1"与"字符串输入 2"。添加一个字符串显示控件，将标签改为"字符串显示"。

2. 在程序框图中，依次选择"函数"→"编程"→"字符串"→"连接字符串"，添加一个字符串连接函数，再将各端点连接起来，如图 3-43 所示。

3. 运行程序，改变字符串的输入，观察显示的变化。改变字符串的显示模式，观察几种显示模式的不同之处。

实例 2　常用数据操作和 VI 调试

一、实验目的

- 熟练掌握常用数据的相关操作。
- 学会 VI 的基本调试方式。

二、实验内容和步骤

【实验内容】　基于 LabVIEW 流水灯的实现。用 LabVIEW 实现 5 个布尔灯的交替亮灭,并且由一个滑竿控制指示灯的亮灭时间。

【实验步骤】

1. 前面板的设计

（1）选择 5 个圆形布尔灯。依次选择"控件"→"新式"→"布尔"→"圆形指示灯",将其标签依次改为布尔 1 到布尔 5。选择前面板窗口的工具栏中的按钮,将 5 个圆形布尔灯水平均匀对齐。

（2）添加一个水平指针滑动杆。依次选择"控件"→"新式"→"数值"→"水平指针滑动杆",将其标签改为"时间控制",修改滑动杆的属性,将滑动杆的"刻度范围"改为"0～1 000"。

（3）添加一个停止按键。依次选择"控件"→"新式"→"布尔"→"停止按钮"。

建立好的前面板如图 3-44 所示。

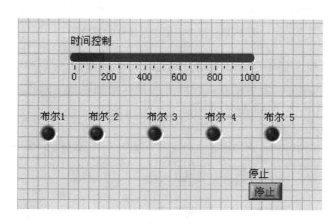

图 3-44　前面板

2. 对程序框图的设计

（1）添加一个 While 循环。依次选择"函数"→"编程"→"结构"→"While 循环",然后在 While 循环中添加一个条件结构。

（2）将滑动杆、布尔灯、停止按钮都拖入到 While 循环中。

（3）再添加一个"等待时间"函数。依次选择"函数"→"编程"→"定时"→"等待",拖入While 循环中。

（4）右键单击各控件取消图标显示,节省空间。元器件摆放的大致位置,如图 3-45所示。

（5）将"时间控制"滑动杆的输出端与"等待"时间函数的输入端相连,将"停止按钮"与While 循环的条件端口相连。

（6）添加一个"商与余数"函数。依次选择"函数"→"编程"→"数值"→"商与余数",然后再添加一个数值常数,其值设为"5"。

（7）将 While 循环的"循环计数"端口与"商与余数"函数"![i]"的"X"端口相连,将"数值常量"与"商与余数"函数的"Y"端口相连,将"商与余数"函数的输出端口与条件结构的"条件选择端口相连"。

（8）为条件结构添加四个分支。选中条件结构,在右键单击后弹出的快捷菜单中选择

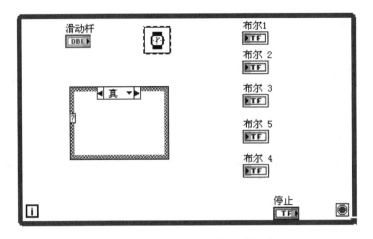

图 3-45　程序框图中元器件的摆放

"在后面添加分支",在 0 到 4 号分支中的分别放入一个真常量,分别与 5 个布尔灯相连,再右键单击与条件结构相交的方形结点,选择"未连接时使用默认",其他 4 个连接方式相同。设计完成的程序框图如图 3-46 所示。

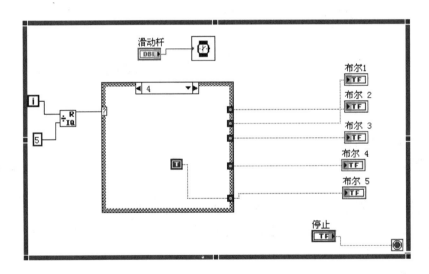

图 3-46　完成的程序框图

3. 运行程序

单击"运行"按钮,调节滑动杆的值观察流水灯的现象。

4. 程序的调试

(1) 设置断点调试。在工具栏中选择断点工具,在程序框图中设置断点,检测程序是否是运行到断点处才会停下来,并且确认高亮显示数据流到达的位置。

(2) 设置探针调试。在工具栏中选择探针工具,在程序框图中设置探针,查看数据流中数据的正确性。如图 3-47 所示,在求余函数后添加探针 5,运行程序观察探针数据是否从 0 到 4 循环出现。

图 3-47 指针的设置

（3）高亮显示。点击程序框图中工具栏中的高亮显示按钮"💡"，观察框图中数据的流向。

实例 3 数组与簇的相关操作

一、实验目的

● 熟练掌握 LabVIEW 中数组与簇的相关操作。

● 学会各数据间的转换。

二、实验内容和步骤

【实验内容】 基于 LabVIEW 模拟汽车表盘的设计。利用 LabVIEW 设计模拟汽车表盘的界面，当开启左、右转向灯开关时，相应的布尔灯亮。油门由旋钮控制，控制转速。档位由滑动杆控制，控制汽车的速度。汽车的油表示数随着时间而减少，当减少到一定程度，油表恢复到满格，重新开始减少。汽车的控制盘由簇来完成。

【实验步骤】

1. 前面板设计

（1）添加一个簇框架，将其拖入面板中并将标签改为"模拟汽车控制盘"。

（2）向簇中添加两个"垂直摇杆开关"，标签分别改为"左转向灯"和"右转向灯"；添加一个"旋钮"控件，标签改为"油门"；添加一个"水平指针滑动杆"，标签改为"档位"。

（3）在前面板中添加两个圆形指示灯，将标签分别改为"左转向灯"和"右转向灯"。

（4）在前面板中添加两个量表，将标签分别改为"转速表"和"速度表"。

（5）添加一个垂直填充滑动杆，然后单击右键选择"转换为显示控件"，将标签改为"油表液位"。

（6）分别修改两个量表的属性，选中量表后右键单击弹出的快捷菜单，选择"属性"后弹出该显示控件的属性框，如图 3-48 所示。在标尺选项中勾选"显示颜色梯度"，并将刻度范围改为相应的值，"转速表"最大值改为 5 000，"速度表"最大值改为 200。

（7）添加一个平面框，依次选择"控件"→"新式"→"修饰"→"平面框"，将显示控件部分框起来，然后使用工具栏中的编辑文本选项，在平面框外添加"模拟汽车显示盘"标签。

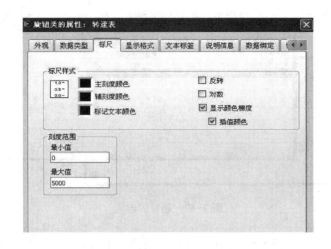

图 3-48　旋钮类属性框

（8）添加两个停止按钮,将标签分别改为"油表停止"和"其他部件停止"。完成的前面板如图 3-49 所示。

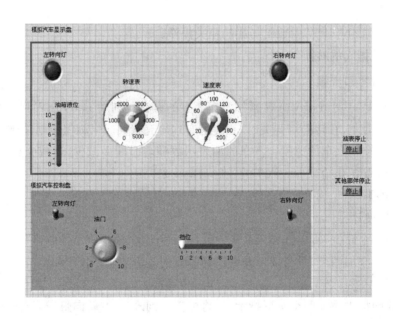

图 3-49　完成的前面板

2. 程序框图的设计

（1）添加一个 While 循环。依次选择"函数"→"编程"→"结构"→"While 循环"。

（2）添加一个"按名称解除捆绑"函数。依次选择"函数"→"编程"→"簇、类与变体"→"按名称解除捆绑",如图 3-50 所示。

（3）将"按名称解除捆绑"函数、"模拟汽车控制盘"簇、左转向灯、右转向灯、"其他部件停止"按钮、转速表和速度表都拖入到 While 循环中。

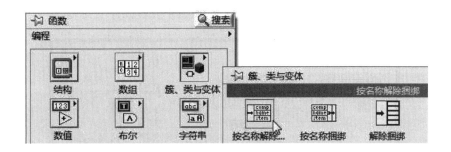

图 3-50　按名称解除捆绑函数位置

（4）添加两个乘法函数，将其拖入 While 循环中。

（5）将各函数连接起来，如图 3-51 所示。

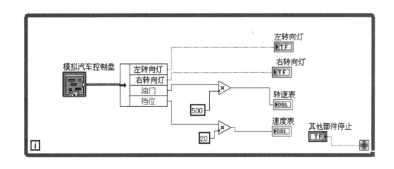

图 3-51　完成的第一个 While 循环

（6）再添加一个 While 循环，同时在这个 While 循环中加入一个 For 循环，右键单击 For 循环边框，在弹出的快捷菜单中选择"条件接线端"命令。

（7）将"油表停止"按钮放在 For 循环内，与 For 循环的条件接线端相连，并且与 While 循环的条件接线端相连，此时会出现错误。选中隧道口，单击右键弹出的快捷菜单，选择"最终值"即可消除错误。

（8）在 For 循环的循环计数端口添加一个数值常量，将数值改为 10。

（9）为 For 循环添加一对移位寄存器，右键单击 For 循环框架，弹出的快捷菜单选择"添加移位寄存器"选项。

（10）为移位寄存器端口添加一数值常量 10，将油表液位放置在 For 循环内，添加一个"减 1"函数。

（11）将移位寄存器端口分别与油箱液位和减 1 函数输入端相连，将减 1 函数输出端与移位寄存器的另一端口相连。

（12）添加一延时函数。依次选择"函数"→"编程"→"定时"→"等待"，将延时时间设为 1 000。

设计完成的程序框图如图 3-52 所示。

3. 运行程序

单击"运行"按钮,改变相应的输入量,观察前面板中显示控件的变化。

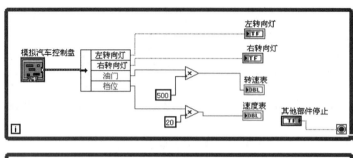

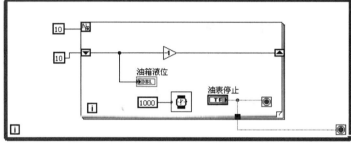

图 3-52　设计完成的程序框图

第4章
基本型实验

4.1 二端元件电阻的测量

一、实验目的

- 了解线性及非线性二端元件的电阻特性。
- 学习线性电阻元件电桥测量方法。
- 学习使用 NI ELVIS 虚拟数字万用表直接测量电阻值的方法。
- 学习使用 NI ELVIS 虚拟仪器测量光敏元件电阻值的方法。

二、实验原理

一个二端元件其电阻值可以用元件两端的电压 u 和通过元件的电流 i 之间的关系表示。这种关系通常称为元件的伏安特性。

线性电阻元件的伏安特性服从欧姆定律,画在 u-i 平面上是一条通过原点的直线。该特性与元件所加电压、电流的大小和方向无关,是双向性元件。

光敏电阻属于非线性元件,如果受到光照,其阻值会发生改变,受到 4 种不同光照的伏安特性如图 4-1 所示。

光敏二极管与半导体在结构上是类似的,其管芯是具有光敏特征的 PN 结,具有单向导电性,属于非线性元件,不服从欧姆定律,其伏安特性画在 u-i 平面上是一条曲线。该特性与元件的方向有关,当加反向电压,无光照时,有很小的饱和反向漏电流,即暗电流,此时光敏二极管截止。当加反向电压并受到光照时,饱和反向漏电流会大大增加,形成光电流,随入射光强度的变化而变化。

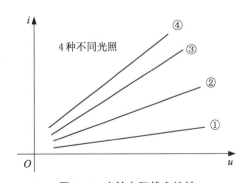

图 4-1 光敏电阻伏安特性

注：①～④光照逐渐增强

二端元件的电阻值根据其特性的不同有 3 种不同的测量方法。

1. 直接测量法

NI ELVISmx Instrument Launcher 的虚拟数字万用表,可直接测量常用二端元件的电阻值。在使用万用表时需注意以下几个问题：

（1）当二端元件连接在电路中时,需将电路的电源断开,不允许带电测量电阻值;

（2）如果被测元件与其他元件相连,则应断开连接后再测量,否则会造成测量结果的错误;

（3）测量电阻时要防止双手和元件的两个端子及万用表的两个表笔并联在一起,将人体电阻带入,否则会造成测量误差。

2. 伏安测量法

伏安法是一种间接测量方法。当被测二端元件上流过一定电流时,分别测出其上的电压、电流值,根据欧姆定律 $R = \dfrac{u}{i}$,计算出被测元件的电阻。

对于光敏电阻、光敏二极管等非线性二端元件,由于阻值随着工作环境变化而变化,通常采用伏安法逐点测量,绘出元件的伏安特性曲线。

3. 电桥测量法

当对电阻的测量准确度要求较高时,通常采用电桥测量法进行测量。电桥测量法原理如图 4-2 所示。R_1、R_2 为固定电阻,称为比率臂,比例系数 $K = \dfrac{R_1}{R_2}$,R_0 为可变的标准电阻,称为标准臂,R_x 为被测电阻,G 为检流计。接通电路后,通过调节 R_0,使得电桥平衡,即检流计串流为 0,此时有 $R_x R_1 = R_2 R_0$,读出标准量 R_0,通过式(4-1)确定被测电阻值的大小。

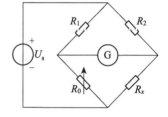

图 4-2 电桥法测量原理图

$$R_x = \frac{R_2}{R_1}R_0 \qquad (4-1)$$

三、实验设备和器材

- NI ELVISⅡ＋实验平台   1 套
- 计算机   1 台

  （安装有 NI ELVISmx Instrument Launcher 及 NI ELVIS 驱动软件）

- 标准电阻 1 kΩ   1 个
- 标准电阻 10 kΩ   1 个
- 光敏二极管   1 个
- 光敏电阻   1 个
- 被测电阻若干个
- 检流计   1 个
- 可调电位器 100 kΩ   1 个

四、实验内容及步骤

1. 数字万用表测量二端元件的电阻值

在无光照、自然光照及手电光垂直照射 3 种情况下,将原型板的 BANANA A、BANANA B 端子分别并联在被测电阻、光敏电阻及光敏二极管两端,通过数字万用表测量相应的电阻值,填入表 4-1 中。

表 4-1　直接法测量二端元件的电阻值

光照强度	被测电阻（左接正极）	被测电阻（右接正极）	光敏电阻（左接正极）	光敏电阻（右接正极）	光敏二极管（左接正极）	光敏二极管（右接正极）
无光						
自然光						
手电光						

对表 4-1 的数据进行分析,说明线性元件与非线性元件的不同特性。

2. 用电桥法测量二端元件的电阻值

在 NI ELVIS 原型板上,根据图 4-3 完成实验电路搭建和接线,将端子 1,2 分别与原型板的＋5 V、GROUND 相连,由 ELVIS 的＋5 V 电源为实验电路提供电压源信号 U_s。在 R_1、R_2 为已知电阻的情况下,调节电位器 R_0,使检流计 G 的电流为 0 或达到最小时,断开电位器 R_0,测量此时电位器 R_0 的数值,通过式(4-1)计算被测电阻 R_x 的阻值。

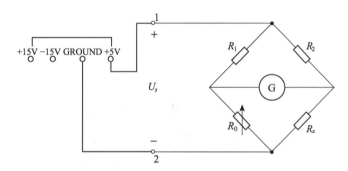

图 4-3　电桥法测量二端元件电阻的实验电路图

五、NI ELVIS 实验操作数字万用表电阻测量功能设置

(1) NI ELVIS 平台接口连线。在原型板上完成上述图 4-3 所示所有连线后,在 NI ELVIS 工作台和原型板之间完成以下接口连线:

- 工作台 DMM VΩ→原型板 BANANA A
- 工作台 DMM COM→原型板 BANANA B

(2) 在计算机上单击"开始"→"所有程序"→"National Instruments"→"NI ELVISmx for NI ELVIS & NI myDAQ"→"NI ELVISmx Instrument Launcher",启动虚拟仪器软面板,如图 4-4 所示。

单击"Digital Multimeter",打开图 4-5 所示数字万用表软面板。

(3) 根据图 4-5 所示设置数字万用表直流电流测量功能的相关参数:"Measument Settings"(测量设置):"Ω"(电阻测量)。

完成设置后,单击下方绿色箭头"Run"按钮,保持当前状态为电阻测量状态。测量完成后,单击"Stop"按钮停止。

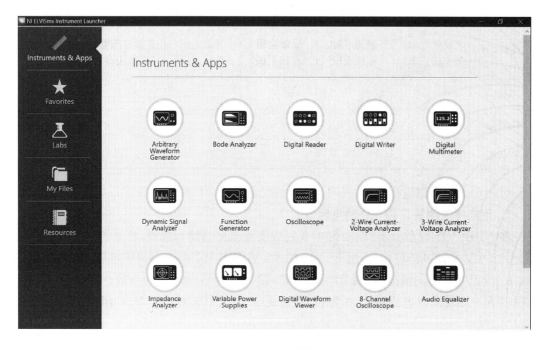

图 4-4　虚拟仪器软面板

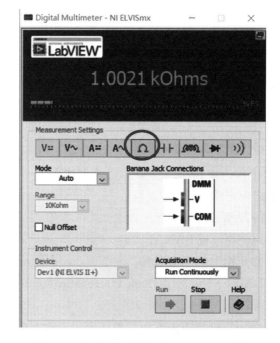

图 4-5　数字万用表软面板——电阻测量

六、实验思考与拓展

（1）线性电阻元件的电阻值在任何条件下都保持一致吗？

（2）光敏电阻、光敏二极管等二端元件的电阻值在任何工作电压、任何工作环境下都保持一致吗？为什么？

（3）电桥法测量电阻为何可以获得较高的准确度？

4.2　二端元件伏安特性的测量

一、实验目的

● 掌握线性和非线性电阻元件伏安特性的测量方法。
● 熟悉直流稳压电源的主要技术特性，掌握电源外特性的测试方法。
● 掌握稳压管和发光二极管伏安特性的测量方法。
● 掌握运用伏安法判定电阻元件类型的方法。
● 掌握二端元件伏安特性曲线的绘制。
● 学习使用 NI ELVIS 虚拟数字万用表直接测量电压、电流的方法。
● 学习使用 NI ELVIS 虚拟仪器进行伏安特性的测量方法。

二、实验原理

二端元件的伏安特性是指元件的端电压与通过该元件电流之间的函数关系。通过一定的测量电路，用电压表、电流表可测定电阻元件的伏安特性，由测得的伏安特性可了解该元件的性质。通过测量得到元件伏安特性的方法称为伏安测量法（简称伏安法）。把二端元件上的电压取为纵（或横）坐标，电流取为横（或纵）坐标，根据测量所得数据，在 u-i 直角坐标平面内画出电压和电流的关系曲线，称为二端元件的伏安特性曲线。

1. 电阻元件

当二端元件的端电压与电流之间存在代数函数关系时，其可称为电阻元件。根据元件伏安特性的性质，电阻元件可分为线性电阻与非线性电阻两大类。

（1）线性电阻元件

线性电阻元件的伏安特性满足欧姆定律。在关联参考方向下可表示为 $u = Ri$，其中 R 为常量，称为电阻的阻值，它不随其电压或电流的变化而变化。如图 4-6（a）所示，线性电阻的伏安特性曲线是一条过坐标原点的直线，直线的斜率反映了该电阻元件阻值的大小。

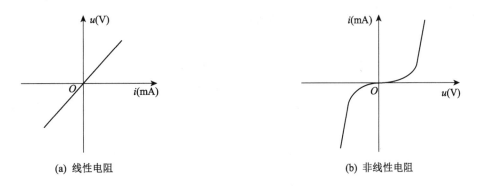

(a) 线性电阻　　　　　　　　　　　　　　(b) 非线性电阻

图 4-6　电阻元件的伏安特性曲线

（2）非线性电阻元件

非线性电阻元件不遵循欧姆定律，它的阻值 R 不是一个常量，随着其电压或电流的变化而变化。相应的，其伏安特性是一条过坐标原点的曲线，如图 4-6(b) 所示。

测量时可在被测电阻元件上施加不同极性和幅值的电压，测量出流过该元件的电流；或在被测电阻元件中通入不同方向和幅值的电流，测量该元件两端的电压，便得到被测电阻元件的伏安特性。

2. 直流电压源

电源的伏安特性又常被称为电源的外特性。理想的直流电压源输出固定幅值的电压，而它的输出电流大小取决于它所连接的外电路，因此，它的外特性曲线是平行于电流轴的直线，如图 4-7(a) 中实线所示。实际电压源的外特性曲线如图 4-7(a) 中虚线所示。在线性工作区它可以用一个理想直流电压源 U_S 和内电阻 R_S 相串联的电路模型来表示，如图 4-7(b) 所示。图 4-7(a) 中 θ 角越大，说明实际电压源内阻 R_S 值越大。实际电压源的端口电压 u 和电流 i 的关系式为

$$u = U_S - R_S \cdot I \tag{4-2}$$

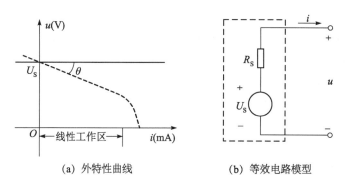

(a) 外特性曲线   (b) 等效电路模型

图 4-7　直流电压源特性

测量时将电压源与可调负载电阻串联，改变负载电阻 R_L 的阻值，测量出相应的电压源电流和端电压，便可以得到被测电压源的外特性。

实验时，将直流稳压电源 U_S 和内阻 R_S、可调电阻 R_L 串联，改变可调电阻 R_L 的阻值，测量出相应的电流 i 和端电压 u，便可得到被测电压源的外特性。

3. 稳压管和发光二极管(LED)

稳压管是一种特殊的半导体二极管，其正向特性与普通二极管类似，但其反向特性较特殊。给稳压管加反向电压时，其反向电流几乎为零，但当电压增加到某一数值时，电流将突然增加，以后它的端电压将基本维持恒定，不再随外加反向电压的升高而增大，这便是稳压管的反向稳压特性。

不同颜色发光二极管的正向导通电压不一样，通常为 1.6 V(红)～2.8 V(蓝)；而发光二极管的反向耐压很低，通常略高于 5 V。

u 与 i 之间的函数常被称为二端元件的伏安特性，它可以通过实验的方法来测得，并可以用 u-i 直角坐标平面内的一条曲线来表示。

三、实验设备和器材

- NI ELVISⅡ＋实验平台　　　　　1套
- 计算机　　　　　　　　　　　　1台
  （安装有 NI ELVISmx Instrument Launcher 及 NI ELVIS 驱动软件）
- 标准电阻 51 Ω　　　　　　　　　2个
- 标准电阻 100 Ω　　　　　　　　2个
- 标准电阻 1 kΩ　　　　　　　　　2个
- 电位器 1 kΩ　　　　　　　　　　1个
- 电位器 10 kΩ　　　　　　　　　　1个
- 白炽灯泡 12 V/0.1 A　　　　　　1个
- 稳压管 5.1 V/0.25 W　　　　　　1个
- 发光二极管(红)　　　　　　　　1个
- 发光二极管(蓝)　　　　　　　　1个

四、实验内容及步骤

1. 线性电阻元件的伏安特性测量

(1) 在 NI ELVIS 原型板上,根据图 4-8 所示完成实验测试电路搭建和接线,将端子 1 和 2 分别与原型板的 SUPPLY＋、GROUND 端相连,由 NI ELVIS 的可变电源为电路提供电压源信号 U_S。图中线性电阻元件 $R_L = 100$ Ω,毫安(mA)表、电压(V)表对应位置为电流、电压待测点,支路中毫安表对应正极性端(＋)与负极性端(－)处于短接状态,电压表则处于开路状态。

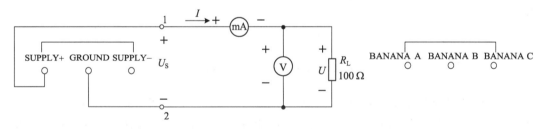

图 4-8　线性电阻元件伏安特性测试电路

(2) 调节可变电源,使 $U_S = 1$ V。将图中电阻元件的两个端子(即电压表正极性端＋、负极性端－)分别与原型板的 BANANA A 和 BANANA B 端相连,用虚拟数字万用表测量电阻两端电压 U,将数据填入表 4-2 中。测量完成后断开电压测量接线。

(3) 断开支路中毫安表的正、负极性端的短接,将断开支路中对应的毫安表正、负极性端分别与原型板的 BANANA C 和 BANANA B 端相连,串入虚拟数字万用表测量电路中流经电阻的电流 I,将数据填入表 4-2 中。测量完成后断开其电流测量接线,恢复原支路中毫安表正、负极性端的短接。

(4) 调节可变电源,使 U_S 分别为 2 V,3 V,4 V 及 5 V,按照步骤(2)～(3)分别测量电阻两端的电压 U 和流经的电流 I,将数据填入表 4-2 中。

（5）根据所测电压、电流值，分别计算电阻元件阻值，并绘制电阻 $R_L = 100\ \Omega$ 的伏安特性曲线（先取点，再用光滑曲线连接各点）。

表 4-2　线性电阻元件的伏安特性实验数据

直流电源电压 U_S(V)	电阻电压 U(V)	流过电阻的电流 I(mA)	$R_L = \dfrac{U}{I}(\Omega)$
1.0			
2.0			
3.0			
4.0			
5.0			

2. 非线性白炽灯的伏安特性测量

（1）在 NI ELVIS 原型板上，根据图 4-9 所示完成实验测试电路搭建和接线，将端子 1 和 2 分别与原型板的 SUPPLY+、GROUND 端相连，由 NI ELVIS 的可变电源为电路提供电压源信号 U_S。图中非线性电阻元件选择 12 V/0.1 A 的小灯泡，毫安(mA)表、电压(V)表对应位置为电流、电压待测点，支路中毫安表对应正极性端(＋)与负极性端(－)处于短接状态，电压表则处于开路状态。

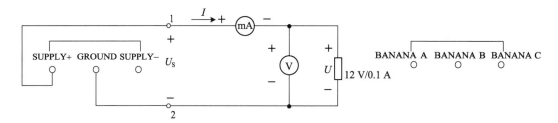

图 4-9　非线性电阻元件伏安特性测试电路

（2）调节可变电源，使 U_S 分别为 1 V，2 V，3 V，4 V，5 V，6 V，7 V，8 V，9 V，10 V，11 V 及 12 V，采用与上述线性电阻元件的伏安特性测量完全相同的方法，按照其步骤(2)～(3)分别测量非线性电阻两端的电压 U 和流经的电流 I，将数据填入表 4-3 中。

（3）根据所测电压、电流值，分别计算元件阻值，并绘制非线性电阻的伏安特性曲线（先取点，再用光滑曲线连接各点）。

表 4-3　非线性电阻元件的伏安特性实验数据

直流电源电压 U_S(V)	电阻电压 U(V)	流过电阻的电流 I(mA)	$R_L = \dfrac{U}{I}(\Omega)$
1.0			
2.0			
3.0			

（续表）

直流电源电压 U_S(V)	电阻电压 U(V)	流过电阻的电流 I(mA)	$R_L = \dfrac{U}{I}$(Ω)
4.0			
5.0			
6.0			
7.0			
8.0			
9.0			
10.0			
11.0			
12.0			

3. 稳压管的伏安特性测量

（1）在 NI ELVIS 原型板上，根据图 4-10 所示完成实验测试电路搭建和接线，将端子 1 和 2 分别与原型板的 SUPPLY＋、GROUND 端相连，由 NI ELVIS 的可变电源为电路提供电压源信号 U_S。图中限流电阻元件 $R_1 = 100\,\Omega$，稳压管正向连接，毫安(mA)表、电压(V)表对应位置为电流、电压待测点，支路中毫安表对应正极性端(＋)与负极性端(－)处于短接状态，电压表则处于开路状态。

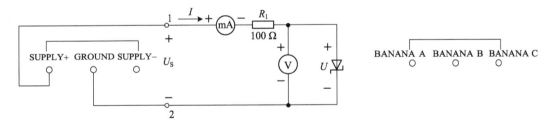

图 4-10 稳压管正向伏安特性测试电路

（2）手动调节可变电源，使 U_S 分别为 0.30 V，0.50 V，0.55 V，0.60 V，0.65 V，0.70 V 及 0.75 V，采用与上述线性电阻元件的伏安特性测量完全相同的方法，按照其步骤(2)～(3)分别测量稳压管两端的电压 U 和流经稳压管的电流 I，将数据填入表 4-4 中。

表 4-4 稳压管正向伏安特性实验数据

U(V)	0.10	0.30	0.50	0.55	0.60	0.65	0.70	0.75
I(mA)								

（3）根据所测得的数据绘制稳压管的正向伏安特性曲线。

（4）将原电路中稳压管反向连接，如图 4-11 所示，完成电路连线，测试稳压管的反向伏安特性。

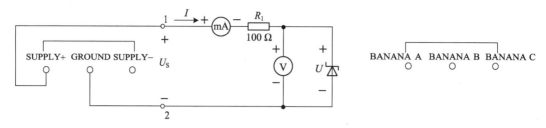

图 4-11　稳压管反向伏安特性测试电路

（5）再次手动调节可变电源，重复电流、电压测量步骤，使流经稳压管的电流 I 分别为 $-10\,\text{mA}, -8\,\text{mA}, -6\,\text{mA}, -5\,\text{mA}, -4\,\text{mA}, -3\,\text{mA}, -2\,\text{mA}, -1\,\text{mA}$ 及 $0\,\text{mA}$。采用上述方法，用虚拟数字万用表分别测量对应稳压管两端电压 U，将数据填入表 4-5 中。

表 4-5　稳压管反向伏安特性实验数据

$I(\text{mA})$	0	-1	-2	-3	-4	-5	-6	-8	-10	-20
$U(\text{V})$										

（6）根据所测得的数据绘制稳压管的反向伏安特性曲线。

4. LED 的伏安特性测量

（1）将图 4-10 中稳压管换成红色（或蓝色）LED，如图 4-12 所示完成电路搭建和连线，测试 LED 的正向伏安特性。

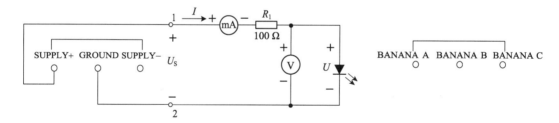

图 4-12　LED 正向伏安特性测试电路

（2）手动调节可变电源，使加在 LED 两端的电压 U 分别为 $0.50\,\text{V}, 0.70\,\text{V}, 1.50\,\text{V},$ $1.60\,\text{V}, 1.70\,\text{V}, 1.80\,\text{V}, 1.85\,\text{V}$ 及 $2.0\,\text{V}$（红色），或 $1.80\,\text{V}, 2.00\,\text{V}, 2.20\,\text{V}, 2.30\,\text{V},$ $2.40\,\text{V}, 2.50\,\text{V}, 2.60\,\text{V}$ 及 $2.80\,\text{V}$（蓝色）。采用上述方法，用虚拟数字万用表分别测量 LED 两端的电压 U 和流经 LED 的电流 I，将数据填入表 4-6 和表 4-7 中。

表 4-6　红色 LED 正向伏安特性实验数据

$U(\text{V})$	0.50	0.70	1.50	1.60	1.70	1.80	1.85	2.00
$I(\text{mA})$								

表 4-7　蓝色 LED 正向伏安特性实验数据

$U(\text{V})$	1.80	2.00	2.20	2.30	2.40	2.50	2.60	2.80
$I(\text{mA})$								

（3）根据所测得的数据绘制 LED 的正向伏安特性曲线。

（4）将原电路中 LED 反向连接，如图 4-13 所示，完成电路连线，测试 LED 的反向伏安特性。

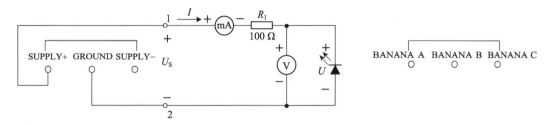

图 4-13　LED 反向伏安特性测试电路

（5）手动调节可变电源，重复电压、电流测量步骤，使加在 LED 两端的电压 U 分别为 2.50 V，3.00 V，3.50 V，4.00 V，4.50 V，5.00 V，5.50 V，6.00 V。采用上述方法，用虚拟数字万用表分别测量 LED 两端的电压 U 和流经 LED 的电流 I，将数据填入表 4-8 中。

表 4-8　LED 反向伏安特性实验数据

U(V)	2.50	3.00	3.50	4.00	4.50	5.00	5.50	6.00
I(mA)								

（6）根据所测得的数据绘制 LED 的反向伏安特性曲线。

5. 直流电压源的伏安特性测量

（1）在 NI ELVIS 原型板上，根据图 4-14 所示完成实验测试电路搭建和接线，将端子 1 和 2 分别与原型板的 SUPPLY＋、GROUND 端相连，由 NI ELVIS 的可变电源为电路提供电压源信号 U_S。图中电阻元件变阻器 R_L 最大阻值为 1 000 Ω，毫安（mA）表、电压（V）表对应位置为电流、电压待测点，支路中毫安表对应正极性端（＋）与负极性端（－）处于短接状态，电压表则处于开路状态。

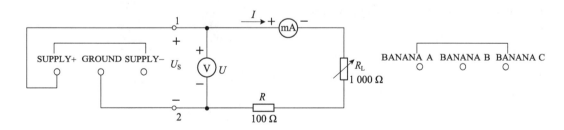

图 4-14　电压源伏安特性测试电路

（2）调节可变电源，使 $U_S＝12$ V。调节变阻器 R_L 的阻值由大至小变化，使流经 R_L 的电流 I 分别为 12 mA，14 mA，16 mA，18 mA，20 mA，25 mA。采用前述方法，重复电流、电压测量步骤，用虚拟数字万用表分别测量对应端口电压 U，将数据填入表 4-9 中。

（3）根据所测得的数据绘制理想直流电压源的伏安特性曲线。

表 4-9 理想电压源伏安特性实验数据

I(mA)	12	14	16	18	20	25
U(V)						

（4）在图 4-14 基础上增加内阻元件 $R_0 = 51\ \Omega$，通过与原来直流电压源 U_S 串联模拟实际直流电压源。如图 4-15 所示，完成电路连线，测试实际压源的伏安特性。

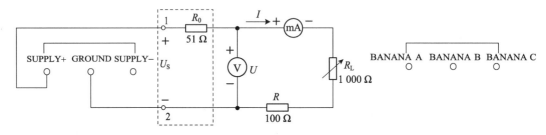

图 4-15 实际电压源伏安特性测试电路

（5）重复上述步骤，用虚拟数字万用表分别测量不同电流 I 时的对应端口电压 U，将数据填入表 4-10 中，并绘制实际直流电压源的伏安特性曲线。

表 4-10 实际电压源伏安特性实验数据

I(mA)	12	14	16	18	20	25
U(V)						

五、NI ELVIS 实验操作

1. 可变电源设置

（1）单击"开始"菜单→"所有程序"→"National Instruments"→"NI ELVISmx for NI ELVIS & NI myDAQ"→"NI ELVISmx Instrument Launcher"，启动虚拟仪器软面板，如图 4-4 所示。

单击"Variable Power Supplies"，打开图 4-16 所示可变电源软面板。

（2）根据图 4-16 所示设置可变电源的相关参数（针对实验 1，2，5）：

① Supply+（正向电压输出模式）：自动（不勾选"Manual"选项）。

② Voltage（电压幅值）：按照实验要求输入。

完成这些选项的配置后，单击下方绿色箭头"Run"按钮，保持可变电源为输出状态。

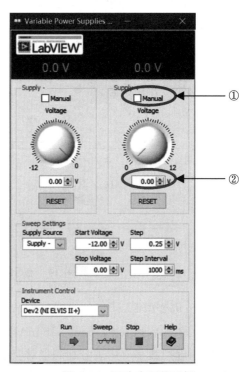

图 4-16 可变电源软面板

（3）根据图 4-17 所示设置可变电源的相关参数（针对实验 3 和 4）：

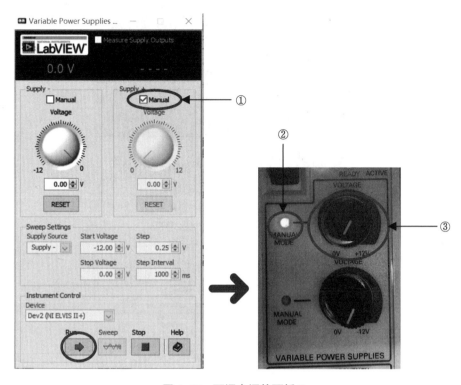

图 4-17　可调电源软面板 2

① Supply＋（正向电压输出模式）：手动（勾选"Manual"选项），并单击下方绿色箭头"Run"按钮，保持可变电源为输出状态。

② ELVIS 工作台右方区域的 MANUAL MODE 指示灯亮起。

③ 手动旋转 0～＋12 V 幅值调节旋钮，调节输出电压。

2. 数字万用表直流电流测量

（1）NI ELVIS 平台接口连线

在原型板上分别完成上述各项实验电路所有连线后，在 NI ELVIS 工作台和原型板之间完成以下接口连线：

● 工作台 DMM COM→原型板 BANANA B

● 工作台 DMM A→原型板 BANANA C

（2）单击"开始"菜单→"所有程序"→"National Instruments"→"NI ELVISmx for NI ELVIS & NI myDAQ"→"NI ELVISmx Instrument Launcher"，启动虚拟仪器软面板，如图 4-4 所示。

单击"Digital Multimeter"，打开图 4-18 所示数字万用表软面板。

（3）根据图 4-18 所示设置数字万用表直流电流测量功能的相关参数："Measument Settings"（测量设置）："A"（直流电流）。

完成选择后，单击下方绿色箭头"Run"按钮，保持当前状态为测量状态。测量完成后，单击"Stop"按钮停止。

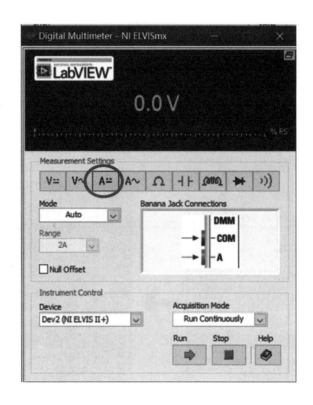

图 4-18　数字万用表软面板——直流电流测量

3. 数字万用表直流电压测量

(1) NI ELVIS 平台接口连线

在原型板上分别完成上述各项实验电路所有连线后,在 NI ELVIS 工作台和原型板之间完成以下接口连线:

● 工作台 DMM VΩ→原型板 BANANA A

● 工作台 DMM COM→原型板 BANANA B

(2) 单击"开始"菜单→"所有程序"→"National Instruments"→"NI ELVISmx for NI ELVIS & NI myDAQ"→"NI ELVISmx Instrument Launcher",启动虚拟仪器软面板,如图 4-4 所示。

单击"Digital Multimeter",打开图 4-19 所示数字万用表软面板。

(3) 根据图 4-19 所示设置数字万用表直流电压测量功能的相关参数:"Measument Settings"(测量设置):"V"(直流电压)。

完成选择后,单击下方绿色箭头"Run"按钮,保持当前状态为测量状态。测量完成后,单击"Stop"按钮停止。

六、实验思考与拓展

(1) 直流电压源、稳压管、发光二极管是电阻类元件吗? 为什么?

(2) 根据白炽灯的伏安特性曲线的形状,试分析小电珠的电阻属性(线性、非线性)。

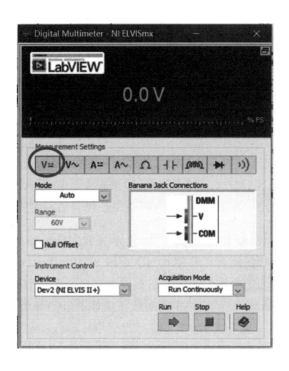

图 4-19　数字万用表软面板——直流电压测量

4.3　基尔霍夫定律

一、实验目的

● 验证基尔霍夫电流定律,加深对电路基本定律的理解。

● 验证基尔霍夫电压定律,加深对电路基本定律的理解。

● 学习使用 NI ELVIS 虚拟数字万用表直接测量电压、电流的方法。

二、实验原理

基尔霍夫定律是电路的基本定律,它包括基尔霍夫电流定律(KCL)和基尔霍夫电压定律(KVL)。

(1) 基尔霍夫电流定律(KCL)。在电路中,对任一结点,各支路电流的代数和恒等于零,即 $\sum I = 0$。

(2) 基尔霍夫电压定律(KVL)。在电路中,对任一回路,所有支路电压的代数和恒等于零,即 $\sum U = 0$。基尔霍夫定律表达式中的电流和电压都是代数量,运用时,必须预先任意假定电流和电压的参考方向。当电流和电压的实际方向与参考方向相同时,取值为正;相反时,取值为负。

基尔霍夫定律与各支路元件的性质无关,无论线性的、非线性的电路,还是含源的、无源的电路,它都是普遍适用的。

三、实验设备和器材

- NI ELVISⅡ＋实验平台　　　　　　1 套
- 计算机　　　　　　　　　　　　　　1 台
  （安装有 NI ELVISmx Instrument Launcher 及 NI ELVIS 驱动软件）
- 电阻 200 Ω　　　　　　　　　　　　1 个
- 电阻 300 Ω　　　　　　　　　　　　1 个
- 电阻 330 Ω　　　　　　　　　　　　1 个
- 电阻 510 Ω　　　　　　　　　　　　4 个

四、实验内容及步骤

1. 实验一

（1）在 NI ELVIS 原型板上，根据图 4-20 所示完成实验电路搭建和接线，将端子 F、E 和端子 B、C 分别与原型板的＋5 V、GROUND 端和 SUPPLY＋、GROUND 端相连，由 NI ELVIS 的＋5 V 电源和可变电源为实验电路提供两个电压源信号 U_1 和 U_2。各毫安(mA) 表对应位置为各支路电流待测点，支路中其对应正极性端(＋)与负极性端(－)均处于短接 状态。

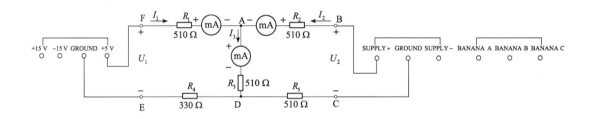

图 4-20　基尔霍夫定律实验一电路图

（2）调节可变电源，使 $U_2 = 12$ V。假设三条支路电流 I_1、I_2、I_3 的参考方向如图 4-20 所示，分别断开每条支路中毫安表的正、负极性端的短接，将断开支路中对应的毫安表正、负 极性端分别与原型板的 BANANA C 和 BANANA B 端相连，串入虚拟数字万用表依次分 别测量电路中流入结点 A、D 的支路电流，数据填入表 4-11 中，利用测得的数据验证基尔霍 夫电流定律。

由于虚拟万用表每次只能测量一条支路电流，每条支路电流测量完毕，需断开其电流测 量接线，恢复原支路中毫安表正、负极性端的短接。

（3）调节可变电源，使 $U_2 = 12$ V。假设三个闭合回路的绕行方向为 ADEFA、BADCB 和 FBCEF。根据回路绕向，将每个回路中待测电压元件的两个端子依次分别与原型板的 BANANA A 和 BANANA B 端相连，用虚拟数字万用表测量各个元件的两端电压，数据填 入表 4-12 中，利用测得的数据验证基尔霍夫电压定律。

由于虚拟万用表每次只能测量一个元件两端电压，每次测量完成后需断开其电压测量 接线。

表 4-11 基尔霍夫电流定律实验数据(一)

	I_1(mA)	I_2(mA)	I_3(mA)	$\sum I$
结点 A				
结点 D				

表 4-12 基尔霍夫电压定律实验数据(一)

回路 ADEFA	U_1(V)	U_{FA}(V)	U_{AD}(V)	U_{DE}(V)			$\sum U$
回路 BADCB	U_2(V)	U_{AB}(V)	U_{AD}(V)	U_{CD}(V)			$\sum U$
回路 FBCEF	U_1(V)	U_2(V)	U_{FA}(V)	U_{AB}(V)	U_{CD}(V)	U_{DE}(V)	$\sum U$

2. 实验二

(1) 在 NI ELVIS 原型板上,根据图 4-21 所示完成实验电路搭建和接线,将端子 F、E 和端子 B、C 分别与原型板的 +5 V、GROUND 端和 SUPPLY+、GROUND 端相连,由 NI ELVIS 的 +5 V 电源和可变电源为实验电路提供两个电压源信号 U_1 和 U_2。各毫安(mA)表对应位置为各支路电流待测点,支路中其对应正极性端(+)与负极性端(−)均处于短接状态。

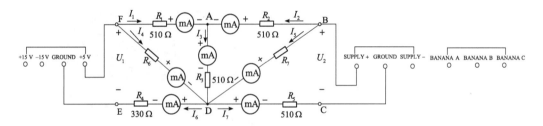

图 4-21 基尔霍夫定律实验二电路图

(2) 调节可变电源,使 $U_2 = 12$ V。假设七条支流电流 I_1,I_2,I_3,I_4,I_5,I_6,I_7 的参考方向如图 4-21 所示,采用与上述实验一中完全类似的方法,依次分别测量电路中流入结点 A,B,D,F 的支路电流,数据填入表 4-13 中,利用测得的数据验证基尔霍夫电流定律。

表 4-13 基尔霍夫电流定律实验数据(二)

结点 A	I_1(mA)	I_2(mA)	I_3(mA)			$\sum I$
结点 B	I_2(mA)	I_5(mA)	I_7(mA)			$\sum I$
结点 F	I_1(mA)	I_4(mA)	I_6(mA)			$\sum I$
结点 D	I_3(mA)	I_4(mA)	I_5(mA)	I_6(mA)	I_7(mA)	$\sum I$

（3）调节可变电源，使 $U_2 = 12$ V。假设五个闭合回路的绕行方向为 FDE，FAD，BAD，BDC 和 FABCDEF，采用与上述实验一中完全类似的方法，依次分别测量各个元件的两端电压，数据填入表 4-14 中，利用测得的数据验证基尔霍夫电压定律。

表 4-14　基尔霍夫电压定律实验数据（二）

回路 FDEF	U_1(V)	U_{FD}(V)	U_{DE}(V)				$\sum U$
回路 FADF	U_{FA}(V)	U_{AD}(V)	U_{FD}(V)				$\sum U$
回路 BADB	U_{AB}(V)	U_{BD}(V)	U_{AD}(V)				$\sum U$
回路 BDCB	U_2(V)	U_{BD}(V)	U_{CD}(V)				$\sum U$
回路 FABCDEF	U_1(V)	U_2(V)	U_{FA}(V)	U_{AB}(V)	U_{CD}(V)	U_{DE}(V)	$\sum U$

五、NI ELVIS 实验操作

1. 可变电源设置

（1）单击"开始"菜单→"所有程序"→"National Instruments"→"NI ELVISmx for NI ELVIS & NI myDAQ"→"NI ELVISmx Instrument Launcher"，启动虚拟仪器软面板，如图 4-4 所示。

单击"Variable Power Supplies"，打开图 4-22 所示可变电源软面板。

（2）根据图 4-22 所示设置可变电源的相关参数：

① Supply＋（正向电压输出模式）：自动（不勾选"Manual"选项）。

② Voltage（电压幅值）：＋12 V。

完成这些选项的配置后，单击下方绿色箭头"Run"按钮，保持可变电源为输出状态。

2. 数字万用表直流电流测量

实验操作参照 4.2 节内容。

3. 数字万用表直流电压测量

实验操作参照 4.2 节内容。

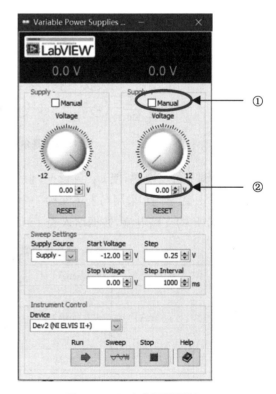

图 4-22　可变电源软面板

六、实验思考与拓展

（1）基尔霍夫电流定律对闭合面适用吗？为什么？

（2）如果支路中含有无伴电压源，基尔霍夫定理还适用吗？

（3）如果支路中含有无伴电流源，基尔霍夫定理还适用吗？

4.4　叠加定理和齐次定理

一、实验目的

- 验证叠加定理和齐次定理，加深对线性电路的理解。
- 掌握叠加定理的测定方法。
- 加深对电流和电压参考方向的理解。
- 学习使用 NI ELVIS 虚拟数字万用表直接测量电压、电流的方法。

二、实验原理

1. 叠加定理

在线性电路中，有多个电源同时作用时，任一支路的电流或电压都是电路中每个独立电源单独作用时在该支路中所产生的电流或电压的代数和。某独立源单独作用时，其他独立源均需置零（电压源用短路代替，电流源用开路代替）。

2. 齐次定理

线性电路的齐次性（又称比例性），是指当激励信号（某独立源的值）增加或减小 K 倍时，电路的响应（即在电路其他各电阻元件上所产生的电流和电压值）也将增加或减小 K 倍。

三、实验设备与器材

- NI ELVISⅡ＋实验平台　　　　　　1 套
- 计算机 1 台

  （安装有 NI ELVISmx Instrument Launcher 及 NI ELVIS 驱动软件）
- 电阻 330 Ω　　　　　　　　　　1 个
- 电阻 510 Ω　　　　　　　　　　1 个
- 电阻 1 kΩ　　　　　　　　　　4 个
- 二极管 IN4007　　　　　　　　1 个
- 双刀双掷开关　　　　　　　　　1 个

四、实验内容及步骤

（1）在 NI ELVIS 原型板上，根据图 4-23 所示完成实验电路搭建和接线，将端子 F、E 和端子 B、C 分别与原型板的＋5 V、GROUND 端和 SUPPLY＋、GROUND 端相连，由 NI ELVIS 的＋5 V 电源和可变电源为实验电路提供两个电压源信号 U_1 和 U_2。开关 K 投向 R_4（330 Ω）侧。各毫安（mA）表对应位置为各支路电流待测点，支路中其对应正极性端（＋）与负极性端（－）均处于短接状态。

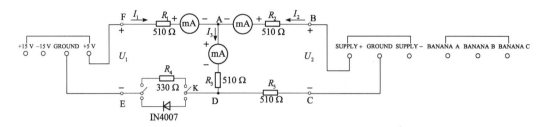

图 4-23　叠加定理实验电路图

（2）令电源 $U_1 = +5\,V$，单独作用，此时端子 B、C 短接。分别测量图中各电阻元件两端电压，将待测电压元件的两个端子依次分别与原型板的 BANANA A 和 BANANA B 端相连，用虚拟数字万用表测量其两端电压，数据填入表 4-15。

再分别测量图中三条支路电流 I_1，I_2，I_3。分别断开每条支路中毫安表的正、负极性端的短接，将断开支路中对应的毫安表正、负性端分别与原型板的 BANANA C 和 BANANA B 端相连，串入虚拟数字万用表依次测量支路电流，数据填入表 4-15。

（3）调节可变电源，输出电压 $U_2 = +6\,V$，令 U_2 单独作用，此时 F、E 短接。重复（2）中测量步骤，将所测数据填入表 4-15。

（4）保持可变电源输出不变，令 U_1 和 U_2 共同作用，重复（2）中测量步骤，将所测数据填入表 4-15。

表 4-15　叠加定理与齐次定理实验数据（线性电阻电路）

	U_1	U_2	I_1	I_2	I_3	U_{AB}	U_{CD}	U_{AD}	U_{DE}	U_{FA}
U_1 单独作用										
U_2 单独作用										
U_1、U_2 共同作用										
$2U_2$ 单独作用										

（5）调节可变电源，输出电压 $U_2 = +12\,V$，令 U_2 单独作用，重复（2）中的测量步骤，将所测数据填入表 4-15 的最后一行。

（6）将开关 K 投向二极管 IN4007 侧。重复上述步骤（2）～（5）中的测量过程，所测数据填入表 4-16。

表 4-16　叠加定理与齐次定理实验数据（非线性电阻电路）

	U_1	U_2	I_1	I_2	I_3	U_{AB}	U_{CD}	U_{AD}	U_{DE}	U_{FA}
U_1 单独作用										
U_2 单独作用										
U_1、U_2 共同作用										
$2U_2$ 单独作用										

五、NI ELVIS 实验操作

1. 可变电源设置

（1）单击"开始"菜单→"所有程序"→"National Instruments"→"NI ELVISmx for NI ELVIS ＆ NI myDAQ"→"NI ELVISmx Instrument Launcher"，启动虚拟仪器软面板，如图 4-4 所示。

单击"Variable Power Supplies"，打开图 4-24 所示可变电源软面板。

（2）根据图 4-24 所示设置可变电源的相关参数：

① Supply＋（正向电压输出模式）：自动（不勾选"Manual"选项）。

② Voltage（电压幅值）：＋12 V 或＋6 V。

完成这些选项的配置后，单击下方绿色箭头"Run"按钮，保持可变电源为输出状态。

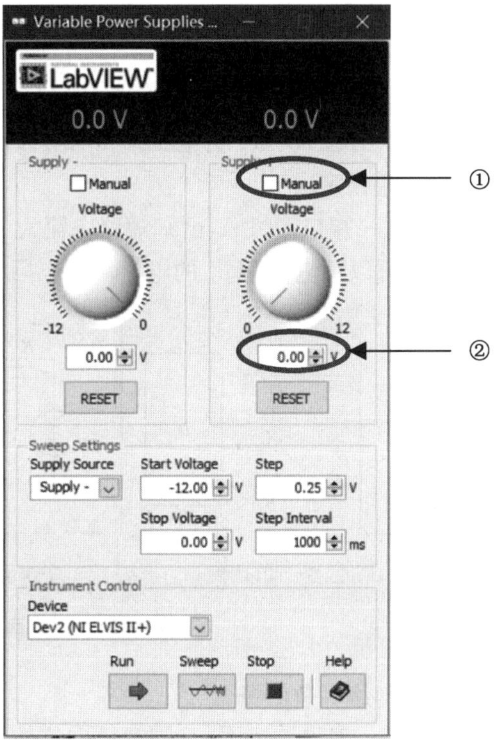

2. 数字万用表直流电流测量

实验操作参照 4.2 节内容。

3. 数字万用表直流电压测量

实验操作参照 4.2 节内容。

图 4-24　可变电源软面板

六、实验思考与拓展

（1）在进行叠加定理实验时，不作用的电压源、电流源如何处理？为什么？

（2）根据本实验的原理，由给定的电路参数和电流、电压参考方向，分别计算两电源共同作用和单独作用时各支路电流和电压的值，与实验数据进行对照，并加以总结和验证。

（3）上述两个实验中，根据步骤将支路中的一个电阻器改为二极管，请问叠加原理的叠加性与齐次性还成立吗？为什么？

（4）通过对实验数据的计算，判别电阻上的功率是否也满足叠加定理？

4.5　戴维南定理和诺顿定理

一、实验目的

● 掌握线性含源一端口网络戴维南等效电路参数的实验测定方法，加深对戴维南定理的理解。

● 掌握线性含源一端口网络诺顿等效电路参数的实验测定方法，加深对诺顿定理的理解。

● 学习使用 NI ELVIS 虚拟仪器测量电路基本物理量：电压、电流、电阻的方法。

二、实验原理

1. 戴维南定理

线性一端口网络 A，已知开路电压为 u_{oc}，A 内所有独立源置零后的等效电阻为 R_{eq}，则网络 A 可以用电压为 u_{oc} 的电压源和电阻 R_{eq} 的串联电路等效代替，如图 4-25(a)，(b) 所示。

2. 诺顿定理

线性一端口网络 A，已知短路电流为 i_{sc}，A 内所有独立源置零后的等效电阻为 R_{eq}，则网络 A 可以用电流为 i_{sc} 的电流源和电阻 R_{eq} 的并联等效代替，如图 4-25(c) 所示。

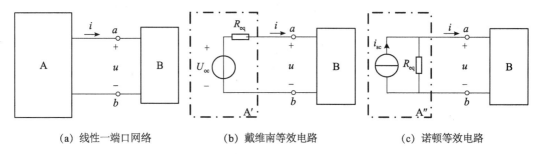

(a) 线性一端口网络　　　(b) 戴维南等效电路　　　(c) 诺顿等效电路

图 4-25　戴维南等效电路和诺顿等效电路

3. 网络等效的概念

对任一网络 B，网络 A 用戴维南等效电路或诺顿等效电路代替后，网络 B 中的电压、电流保持不变。应用戴维南定理和诺顿定理的关键在于正确理解和求出一端口网络的开路电压 u_{oc}、短路电流 i_{sc} 和等效电阻 R_{eq}。当 u_{oc} 和 i_{sc} 不全为零时，这 3 个量之间存在如下关系：

$$R_{eq} = \frac{u_{oc}}{i_{sc}} \tag{4-3}$$

在本实验中，等效电阻 R_{eq} 可用 3 种方法测得：

(1) 根据式(4-3)直接测出一端口网络的开路电压 u_{oc} 和短路电流 i_{sc} 后，根据欧姆定律计算得出。

(2) 将网络内所有电源均置为零，在端口处外加一个电压 u，测出端口处的电流 i 后，根据欧姆定律计算得出。

(3) 将网络中的所有独立电源均置为零，在端口处用数字万用表(DMM)的电阻档直接测量等效电阻 R_{eq}。

三、实验设备和器材

- NI ELVISⅡ＋实验平台　　　　1 套
- 计算机　　　　　　　　　　　1 台

  (安装有 NI ELVISmx Instrument Launcher 及 NI ELVIS 驱动软件)

- 电阻 330 Ω　　　　　　　　　1 个
- 电阻 510 Ω　　　　　　　　　3 个
- 可调电阻 1 kΩ　　　　　　　　2 个
- 可调电阻 10 kΩ　　　　　　　1 个

- 电容 0.1 μF　　　　　　　　　　1 个
- LM317　　　　　　　　　　　　　　1 个

四、实验内容及步骤

1. 戴维南定理

(1) 在 NI ELVIS 原型板上,根据图 4-26(a)所示完成实验电路搭建和接线,测量 D、C 端口的开路电压 U_{oc}。图中电压(V)表对应位置为电压待测点,电压表处于开路状态。

先将端子 F、E 和端子 B、C 分别与原型板的 +5 V、GROUND 端和 SUPPLY+、GROUND 端相连,由 NI ELVIS 的 +5 V 电源和可变电源为电路提供两个电压源信号 U_1 和 U_2;调节可变电源,使 $U_2 = 12$ V。再将端子 D、C 分别与原型板的 BANANA A 和 BANANA B 端相连,用虚拟数字万用表测量端子 D、C 间的开路电压 U_{oc},将数据填入表 4-17 中。测量完成后断开电压测量接线,保持端子 D、C 间开路。

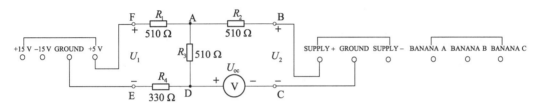

图 4-26(a)　戴维南定理开路电压测量电路

(2) 在 NI ELVIS 原型板上,根据图 4-26(b)所示完成实验电路搭建和接线,测量流过 D、C 端口的短路电流 I_{sc}。图中毫安(mA)表对应位置为电流待测点,毫安表对应的正极性端(+)与负极性端(−)处于短接状态。

由 NI ELVIS 的 +5 V 电源和可变电源为电路提供两个电压源信号 U_1 和 U_2,且 $U_2 = 12$ V。断开毫安表的正、负极性端的短接,将断开支路中对应的毫安表正、负极性端分别与原型板的 BANANA C 和 BANANA B 端相连,串入虚拟数字万用表测量短路电流 I_{sc},将数据填入表 4-17 中。测量完成后断开其电流测量接线,依旧保持端子 D、C 间开路。

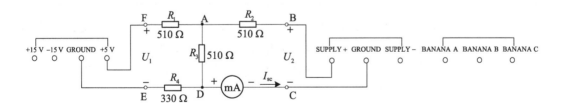

图 4-26(b)　戴维南定理短路电流测量电路

(3) 根据所测的 U_{oc} 与 I_{sc},计算等效电阻 R_{eq},并将数据填入表 4-17。

表 4-17　戴维南等效电路实验数据

U_{oc}(V)	I_{sc}(mA)	$R_{\text{eq}} = U_{\text{oc}}/I_{\text{sc}}(\Omega)$

（4）在 NI ELVIS 原型板上，根据图 4-26(c)所示完成实验电路搭建和接线，在 D、C 端口接上可调负载 R_L，测量此时端口负载的电压和电流。图中毫安(mA)表、电压(V)表对应位置为电流、电压待测点，支路中毫安表对应正极性端（＋）与负极性端（－）处于短接状态，电压表则处于开路状态。

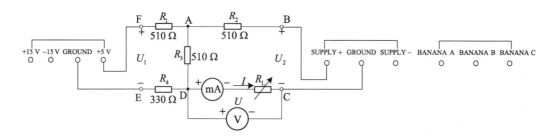

图 4-26(c)　戴维南定理负载测量电路

由 NI ELVIS 的＋5 V 电源和可变电源为电路提供两个电压源信号 U_1 和 U_2，使 $U_2 =$ 12 V，负载 R_L 最大阻值为 1 kΩ。调节负载，使 R_L 分别为 200 Ω，300 Ω，400 Ω 及 500 Ω。采用上述电压、电流测量方法，依次分别测量负载电阻两端的电压 U 和流经的电流 I，将数据填入表 4-18 中。

表 4-18　验证戴维南定理和诺顿定理的实验数据

可调电阻 R_L	200 Ω		300 Ω		400 Ω		500 Ω	
	U	I	U	I	U	I	U	I
原电路 D、C 端口								
戴维南等效电路 D、C 端口： $U_{oc}=$　　　$R_{eq}=$								
诺顿等效电路 D、C 端口： $I_{sc}=$　　　$R_{eq}=$								

（5）在 NI ELVIS 原型板上，根据图 4-27 所示完成实验测试电路搭建和接线，电路由虚线框内的戴维南等效电路和可调负载 R_L 串联，验证戴维南定理。图中毫安(mA)表、电压(V)表对应位置为电流、电压待测点，支路中毫安表对应正极性端（＋）与负极性端（－）处于短接状态，电压表则处于开路状态。

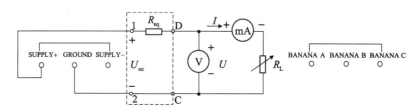

图 4-27　戴维南定理验证电路

实验电路中,虚线框内为上述 D、C 端口的戴维南等效电路,其中等效电源 U_{oc} 与上述实验步骤(1)所测得电压值相等,由 NI ELVIS 可调电源提供;等效电阻 R_{eq} 与上述实验步骤(3)所计算而得的电阻值相等,由可调电阻调节而得。调节负载,使 R_L 分别为 200 Ω,300 Ω,400 Ω 及 500 Ω。采用上述电压、电流测量方法,依次分别测量负载电阻两端的电压 U 和流经的电流 I,将数据填入表 4-18 中。

2. 诺顿定理

(1) 在 NI ELVIS 原型板上,根据图 4-28 所示完成实验测试电路搭建和接线,电路由虚线框内的诺顿等效电路和可调负载 R_L 并联,验证诺顿定理。图中毫安(mA)表、电压(V)表对应位置为电流、电压待测点,支路中毫安表对应正极性端(+)与负极性端(−)处于短接状态,电压表则处于开路状态。

图 4-28(a)实验电路中,虚线框内为上述 D、C 端口的诺顿等效电路,其中等效电流源 I_{sc} 与戴维南等效电路实验步骤(2)所测得电压值相等,由图 4-28(b)所示电路提供(电路原理参见附录);等效电阻 R_{eq} 与戴维南等效电路实验步骤(3)所计算而得的电阻值相等,由可调电阻调节而得。图 4-28(b)实验电路中,三端稳压器件 LM317 引脚 3 的输入电压(+5 V)由 NI ELVIS 的+5 V 电源模块提供,输出的 I_{sc} 大小可通过调节可调电阻 R 的阻值而定。调节负载,使 R_L 分别为 200 Ω,300 Ω,400 Ω 及 500 Ω,采用上述电压、电流测量方法,依次分别测量负载电阻两端的电压 U 和流经的电流 I,将数据填入表 4-18 中。

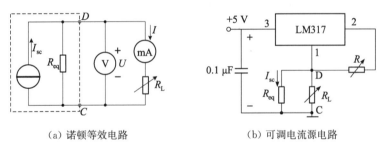

(a) 诺顿等效电路　　　　　　　(b) 可调电流源电路

图 4-28　诺顿定理验证电路

五、NI ELVIS 实验操作

1. 可变电源设置

(1) 单击"开始"菜单→"所有程序"→"National Instruments"→"NI ELVISmx for NI ELVIS & NI myDAQ"→"NI ELVISmx Instrument Launcher",启动虚拟仪器软面板,如图 4-4 所示。

单击"Variable Power Supplies",打开图 4-29 所示可变电源软面板。

(2) 根据图 4-29 所示设置可变电源的相关参数:

① Supply+(正向电压输出模式):自动(不勾选"Manual"选项)。

② Voltage(电压幅值):根据实验要求设置。

完成这些选项的配置后,单击下方绿色箭头"Run"按钮,保持可变电源为输出状态。

2. 数字万用表直流电流测量

实验操作参照 4.2 节内容。

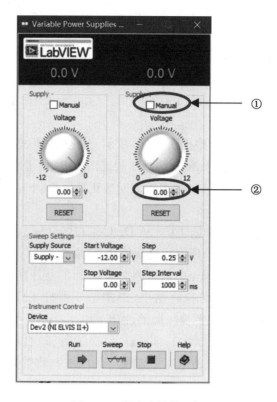

图 4-29　可变电源软面板

3. 数字万用表直流电压测量

实验操作参照 4.2 节内容。

六、实验思考与拓展

（1）如果一端口网络中含有受控源，戴维南定理是否成立？诺顿定理呢？

（2）用数字万用表（DMM）的电阻档直接测量等效电阻 R_{eq} 时，含源网络中的电源该如何处理？

4.6　基本运算电路

一、实验目的

● 掌握集成运算放大器组成的比例、加减法和积分等基本运算电路的功能。

● 理解在放大电路中引入负反馈的方法和负反馈对放大电路各项性能指标的影响。

● 设计集成运算放大电路组成的各种运算电路。

● 学习 NI ELVIS 虚拟函数发生器的使用方法。

● 学习使用 NI ELVIS 虚拟示波器直接测量电压信号的方法。

二、实验原理

集成运算放大器是一种具有高电压放大倍数的直接耦合多级放大电路。当外部接入不同的元器件组成负反馈电路时,可以实现比例、加法、减法、积分、微分等模拟运算电路。

理想运算放大器是将集成运算放大器的各项技术指标理想化后的理想元器件。理想运算放大器满足下列条件:

(1) 开环电压增益: $A_{vd} = \infty$;

(2) 输入阻抗: $R_i = \infty$;

(3) 输出阻抗: $R_o = 0$;

(4) 带宽: $f_{bw} = \infty$;

(5) 失调与漂移均为零等。

理想运算放大器在线性应用时存在两个重要特性:

(1) 输出电压 U_o 与输入电压之间满足关系式: $U_o = A_{vd}(U_+ - U_-)$,由于 $A_{vd} = \infty$,而 U_o 为有限值,因此, $U_+ - U_- \approx 0$。即 $U_+ \approx U_-$,称为"虚短"。

(2) 由于 $R_i = \infty$,故流进运算放大器两个输入端的电流可视为零,称为"虚断"。这说明运算放大器对其前级吸取电流较小。

上述两个特性是分析理想运算放大器应用电路的基本原则,可简化运算放大器电路的计算。

本实验采用 OP07 集成运算放大器和外接电阻、电容等构成基本运算电路。运算放大器是具有高增益、高输入阻抗,外加反馈网络后,它可实现不同的电路功能。如果反馈网络为线性电路,运算放大器可实现加、减、微分、积分运算;如果反馈网络为非线性电路,则可实现对数、乘法、除法等运算;除此之外还可组成各种波形发生器,如正弦波、三角波、脉冲波发生器等。

反向比例运算电路,如图 4-30 所示,根据理想运算放大器的特性可知, $U_o = -\dfrac{R_3}{R_1} U_i$。

同向比例运算电路,如图 4-31 所示,根据理想运算放大器的特性可知, $U_o = \left(1 + \dfrac{R_3}{R_1}\right) U_i$。

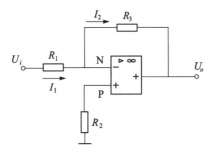 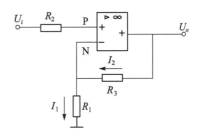

图 4-30　反向比例运算电路示意图　　　　图 4-31　同向比例运算电路示意图

减法运算电路,如图 4-32 所示,根据理想运算放大器的特性可知, $U_o = \left(\dfrac{R_4}{R_2 + R_4} U_{i2} - \dfrac{R_3}{R_1 + R_3} U_{i1}\right)$。

积分运算电路,如图 4-33 所示,根据理想运算放大器的特性可知,$U_o = -\dfrac{1}{R_1 C} \displaystyle\int U_i \, dt$。

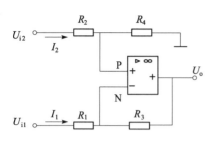

图 4-32　减法运算电路示意图

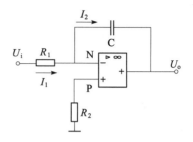

图 4-33　积分运算电路示意图

三、实验设备和器材

- NI ELVIS Ⅱ＋实验平台　　　　　　1 套
- 计算机　　　　　　　　　　　　1 台

（安装有 NI ELVISmx Instrument Launcher 及 NI ELVIS 驱动软件）

- 运算放大器 ОГО07　　　　　　　若干
- 电阻 3.9 kΩ　　　　　　　　　2 个
- 电阻 10 kΩ　　　　　　　　　4 个
- 电阻 100 kΩ　　　　　　　　　4 个
- 电容 4.7 μF/25 V　　　　　　　1 个

四、实验内容及步骤

1. 反向比例电路

(1) 在 NI ELVIS 原型板上,根据图 4-34 所示完成实验电路搭建和接线,将端子 A、B 分别与原型板的 GROUND、SUPPLY＋端相连,由 NI ELVIS 的可变电源为实验电路输入电压信号 U_i;运算放大器 OP07 的引脚 7、引脚 4 分别与原型板的＋15 V,－15 V 端相连,由 NI ELVIS 的＋15 V,－15 V 直流电源为其供电。原型板上所搭建实验电路实物如图 4-35 所示。

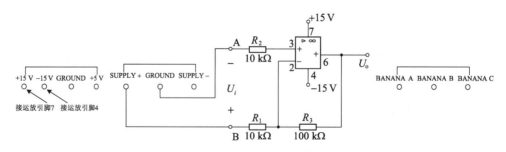

图 4-34　反向比例实验电路

(2) 调节可变电源,使 $U_i = 400$ mV。

(3) 将图中 OP07 引脚 6、GROUND 端分别与原型板 BANANA A 和 BANANA B 端相连,用虚拟数字万用表测量输出电压 U_o,将数据填入表 4-19。

图 4-35 原型板上反向比例电路搭建实物

(4) 再次调节可变电源,使 U_i 分别为 $+800\,\mathrm{mV}$, $+1200\,\mathrm{mV}$,重复步骤(3)中电压测量过程,将数据填入表 4-19。

表 4-19 反向、正向比例电路实验数据

输入电压 U_i (mV)	反向比例电路输出电压 U_o (V)	同向比例电路输出电压 U_o (V)	电压传递比(A)		误差(%)	
			反向比例	正向比例	反向比例	正向比例
400						
800						
1 200						

2. 同向比例电路

(1) 在 NI ELVIS 原型板上,根据图 4-36 所示完成实验电路搭建和接线,将端子 A、B 分别与原型板的 SUPPLY+、GROUND 端相连,由 NI ELVIS 的可变电源为实验电路提供输入电压信号 U_i;运算放大器 OP07 的供电接线与反向比例电路实验相同。原型板上所搭建实验电路实物如图 4-37 所示。

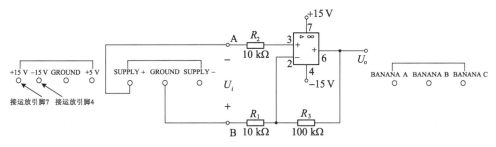

图 4-36 同向比例实验电路

图 4-37 原型板上同向比例电路搭建实物

(2) 调节可变电源,使 U_i 分别为+400 mV,+800 mV,+1200 mV,采用与上述反向比例电路实验中完全相同的方法,按照其步骤(2)～(4)测量输出电压 U_o,将数据填入表4-19。

3. 减法电路

(1) 在 NI ELVIS 原型板上,根据图 4-38 所示完成实验电路搭建和接线,将端子 A、B、C 分别与原型板的 SUPPLY+,SUPPLY−,GROUND 端相连,由 NI ELVIS 的可变电源为实验电路提供两路输入电压信号 U_{i2} 和 U_{i1};运算放大器 OP07 的供电接线与反向比例电路实验相同。原型板上所搭建实验电路实物如图 4-39 所示。

(2) 调节可变电源,使 $U_{i2}=+5$ V, $U_{i1}=-1$ V。

(3) 用虚拟数字万用表测量输出电压 U_o,记录数据。

(4) 验证测量值是否满足 $U_o = \dfrac{R_4}{R_2+R_4}U_{i2} - \dfrac{R_3}{R_1+R_3}U_{i1}$。

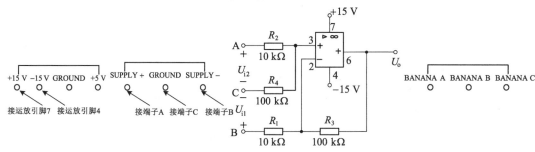

图 4-38 减法实验电路

4. 积分电路

(1) 在 NI ELVIS 原型板上,根据图 4-40 所示完成实验电路搭建和接线,将端子 A、B 分别与原型板的 GROUND、FGEN 端相连,由 NI ELVIS 的函数发生器为实验电路提供输入信号 u_i;运算放大器 OP07 的供电接线与反向比例电路实验相同;将 OP07 引脚 6、端子 A 分别与原型板的 BNC 1+、BNC 1−端相连,将端子 B、A 分别与原型板的 BNC 2+、BNC 2

图 4-39　原型板上减法电路搭建实物

一端相连,用虚拟示波器(Scope)分别观测输出、输入信号 u_o 和 u_i。原型板上所搭建实验电路实物如图 4-41 所示。

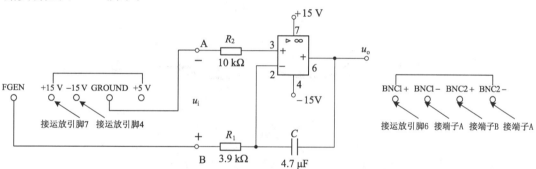

图 4-40　积分实验电路

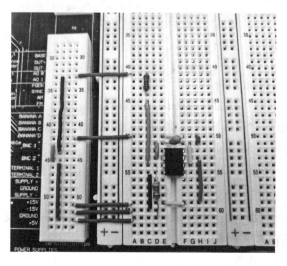

图 4-41　原型板上积分电路搭建实物

（2）调节函数发生器，使 u_i 为频率 $f = 10\,Hz$、占空比为 50%、幅值 $V_{pp} = 10\,V$ 的方波信号。

（3）通过虚拟双踪示波器同时观察 u_o 和 u_i 波形，验证积分电路有效性，并记录实验波形。

五、NI ELVIS 实验操作

1. 可变电源设置

（1）单击"开始"菜单→"所有程序"→"National Instruments"→"NI ELVISmx for NI ELVIS & NI myDAQ"→"NI ELVISmx Instrument Launcher"，启动虚拟仪器软面板，如图 4-4 所示。

单击"Variable Power Supplies"，打开图 4-42 所示可变电源软面板。

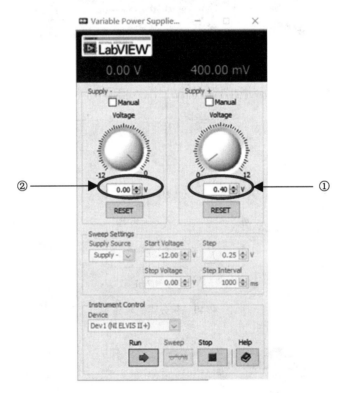

图 4-42　可变电源软面板

（2）根据图 4-42 所示设置可变电源的相关参数：

① Supply＋（正电压输出模式）：自动（不勾选"Manual"选项）；

　　Voltage（电压幅值）：按照实验要求输入。

② Supply－（负电压输出模式）：自动（不勾选"Manual"选项）；

　　Voltage（电压幅值）：按照实验要求输入（见实验 3）。

完成这些选项的配置后，单击下方绿色箭头"Run"按钮，保持可变电源为输出状态。

2. 数字万用表直流电压测量

实验操作参照 4.2 节内容。

3. 函数发生器设置

(1) 单击"开始"菜单→"所有程序"→"National Instruments"→"NI ELVISmx for NI ELVIS & NI myDAQ"→"NI ELVISmx Instrument Launcher",启动虚拟仪器软面板,如前文图4-4所示。

单击"Function Generator",打开图4-43所示函数发生器软面板。

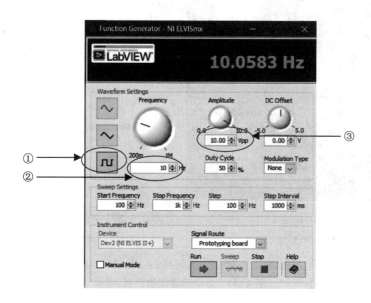

图4-43 函数发生器软面板

(2) 根据图4-43所示设置函数发生器的相关参数:

① Waveform Settings(波形设置): Square;

② Frequency(频率): 10 Hz;

③ Amplitude(峰值): $10V_{pp}$。

完成这些选项的配置后,单击下方绿色箭头"Run"按钮,保持当前状态为输出状态。

4. 虚拟示波器设置

(1) NI ELVIS平台接口连线

在原型板上分别完成上述各项实验电路所有连线后,在NI ELVIS工作台和原型板之间完成以下接口连线:

● 工作台 SCOPE CH0 BNC→原型板 BNC1

● 工作台 SCOPE CH1 BNC→原型板 BNC2

(2) 单击"开始"菜单→"所有程序"→"National Instruments"→"NI ELVISmx for NI ELVIS & NI myDAQ"→"NI ELVISmx Instrument Launcher",启动虚拟仪器软面板,如图4-4所示。

单击"Oscilloscope",打开图4-44所示虚拟示波器软面板。

(3) 根据图4-44所示设置虚拟示波器的相关参数:

① Channal 0 Source (信号源): SCOPE CH0,

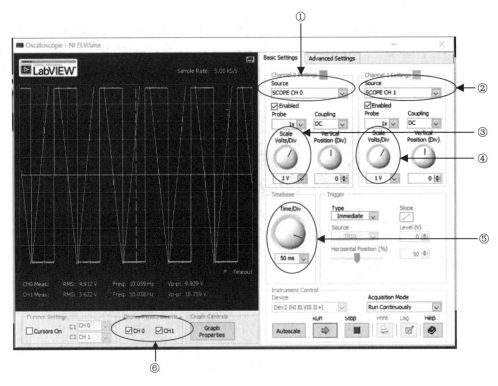

图 4-44 虚拟示波器软面板

　　Channal 0 Enabled（复选框）：勾选；

② Channal 1 Source（信号源）：SCOPE CH1,

　　Channal 1 Enabled（复选框）：勾选；

③ Channal 0　Scale VoltsDiv：适当设置使波形能完全呈现；

④ Channal 1　Scale VoltsDiv：适当设置使波形能完全呈现；

⑤ Timebase Time/Div：适当调节使波形能够清晰显示；

⑥ Display Measurements：CH0 复选框-勾选，

　　　　　　　　　　　　CH1 复选框-勾选。

　　完成这些选项的配置后，单击下方绿色箭头"Run"按钮，在虚拟示波器上观察输入和输出信号波形。

六、实验思考与拓展

（1）集成运算放大器电路能放大直流信号吗？为什么？

（2）理想运算放大器有哪些特点？

（3）设计一个级联运算电路，使其同时具备加法运算和同相比例放大的功能，先进行加法运算，后进行同相比例放大。

4.7　一阶动态电路的过渡过程

一、实验目的

● 观察一阶动态电路响应的波形,掌握测定时间常数的方法。
● 学习 NI ELVIS 虚拟函数发生器、虚拟示波器使用方法。

二、实验原理

含有一个电容或电感的电路称为一阶动态电路,一阶动态电路从一个稳定状态变化到另一个稳定状态需要一个过渡过程,其电路的全响应可分解为零输入响应和零状态响应的和。前者指输入为零时的响应,后者指动态元件初始储能为零时的响应。

一阶 RC 串联电路如图 4-45 所示,若 $t = 0$ 时,$u_C(0_+)$ $= U_0$,u_C 和 i 的稳态解分别为 U_S 和 0,则 $t \geqslant 0_+$ 时的全响应为

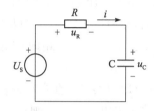

$$u_C = U_S + (U_0 - U_S)e^{-\frac{1}{RC}t} \tag{4-4}$$

$$i = \frac{1}{R}(U_S - U_0)e^{-\frac{1}{RC}t} \tag{4-5}$$

图 4-45　RC 串联电路

假设 $U_S = 0$,可得电路的零输入响应为

$$u_C = U_0 e^{-\frac{1}{RC}t}, \quad i = -\frac{1}{R}U_0 e^{-\frac{1}{RC}t} \tag{4-6}$$

假设全响应表达式中 $U_0 = 0$,则可得电路的零状态响应为

$$u_C = U_S - U_S e^{-\frac{1}{RC}t} \quad i = \frac{1}{R}U_S e^{-\frac{1}{RC}t} \tag{4-7}$$

当 U_0 和 U_S 均大于零时,电压 u_C 的零输入响应与零状态响应的波形,如图 4-46 所示。

令 $\tau = RC$ 为 RC 串联电路的时间常数,该参数是一阶动态电路中非常重要的物理量,它决定着电路响应中过渡过程的快慢。

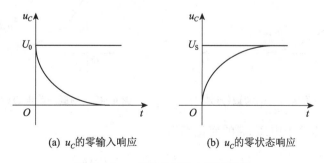

(a) u_C 的零输入响应　　　　(b) u_C 的零状态响应

图 4-46　一阶 RC 串联电路的响应

时间常数实验测试方法通常有 3 种。

(1)方法 1:在只有输入或零输入情况下,设 $t = t_1$ 时,响应为 0,初始值与稳态值和的

一半由全响应表示,有

$$U_\text{S} + (U_0 - U_\text{S})\mathrm{e}^{-\frac{t_1}{\tau}} = \frac{1}{2}(U_0 + U_\text{S})$$

得

$$\mathrm{e}^{-\frac{t_1}{\tau}} = \frac{1}{2}$$

则时间常数为

$$\tau = \frac{t_1}{\ln 2} \tag{4-8}$$

时间常数可根据响应波形进行测定。根据式(4-8),测定时间常数的方法如下:读取示波器上电压波形最大值的一半所对应的时间 t_1,然后按式(4-8)计算出时间常数 τ。零输入响应状态下,电路时间常数的测量如图 4-47 所示。

(2)方法 2:在零输入响应状态下,如果电容上的电压为 U_0,则

$$u_\text{C} = U_0 \mathrm{e}^{-\frac{1}{\tau}t} \tag{4-9}$$

当 $t = \tau$ 时,$u_\text{C} = 0.368U_0$,即时间常数是电容电压衰减为初始值 36.8% 所需的时间,如图 4-48 所示。

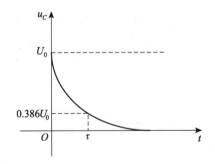

图 4-47 测量一阶电路的时间常数(方法 1)

(3)方法 3:作图法测量时间常数 τ。在零输入响应状态下,如果电容上的初始电压为 U_0,则电容电压 $u_\text{C} = U_0 \mathrm{e}^{-\frac{1}{\tau}t}$ 为指数曲线。在此曲线上任意一点的次切距的长度都等于时间常数 τ,如图 4-49 所示。

图 4-48 测量一阶电路时间常数(方法 2)

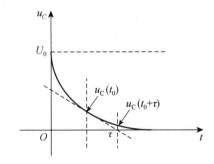

图 4-49 测量一阶电路时间常数(方法 3)

当 $t = t_0$ 时,电容上电压 u_C 的变化率为

$$\left.\frac{\mathrm{d}u_\text{C}}{\mathrm{d}t}\right|_{t=t_0} = -\frac{U_0}{\tau}\mathrm{e}^{-\frac{t_0}{\tau}} = -\frac{u_\text{C}(t_0)}{\tau} \tag{4-10}$$

从理论上讲,只有经过 $t = \infty$ 的时间,电路才能达到稳定状态,但是通过计算可知,当时间过了 $4\tau \sim 5\tau$ 后,电容电压实际输出 $u_\text{C} \approx 0$,即放电接近完毕。因此,工程上一般认为经

过 $4\tau \sim 5\tau$ 的时间后,过渡过程基本结束,电路趋于稳定。

三、实验设备与器材

- NI ELVIS Ⅱ ＋实验平台　　　　　1 套
- 计算机　　　　　　　　　　　　1 台
  (安装有 NI ELVISmx Instrument Launcher 及 NI ELVIS 驱动软件)
- 电阻 $10\,\text{k}\Omega$ 　　　　　　　　　1 个
- 电容 $0.01\,\mu\text{F}$ 　　　　　　　　1 个

四、实验内容及步骤

(1) 在 NI ELVIS 原型板上,根据图 4-50 所示完成实验电路搭建和接线,将端子 1 和 2 分别与原型板的 FGEN、GROUND 端相连,由 NI ELVIS 的函数发生器为实验电路提供输入信号 U_S;将端子 1 和 3 分别与原型板的 BNC 1＋、BNC 1－端相连,端子 3 和 4 分别与原型板的 BNC 2＋、BNC 2－端相连,用虚拟示波器(Scope)分别观测电阻、电容两端电压 u_R 和 u_C。图中电阻、电容元件分别为 $R = 10\,\text{k}\Omega$, $C = 0.01\,\mu\text{F}$。

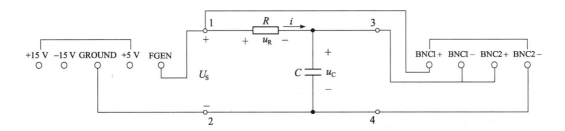

图 4-50　一阶动态电路实验图

(2) 调节函数发生器,使 U_S 为频率 $f = 1\,000\,\text{Hz}$,幅值 $V_{pp} = 10\,\text{V}$,占空比为 50％的方波信号。

(3) 通过虚拟双踪示波器同时观察 $u_R(t)$ 和 $u_C(t)$,并记录实验波形。

(4) 再次调节函数发生器,分别输出频率为 $5\,000\,\text{Hz}$ 和 $10\,000\,\text{Hz}$ 的方波信号,幅值保持不变,依次记录示波器上 $u_R(t)$、$u_C(t)$ 的实验波形。

(5) 分别按 3 种不同的方法测量上述不同频率输入信号源激励下输出响应的时间常数 τ,将数据填入表 4-20,并计算误差。

表 4-20　时间常数 τ 的测量数据

方法	τ 测量值			τ 理论值			误差		
	1 000 Hz	5 000 Hz	10 000 Hz	1 000 Hz	5 000 Hz	10 000 Hz	1 000 Hz	5 000 Hz	10 000 Hz
方法 1									
方法 2									
方法 3									

五、NI ELVIS 实验操作

1. 函数信号发生器设置

（1）单击"开始"→"所有程序"→"National Instruments"→"NI ELVISmx for NI ELVIS & NI myDAQ"→"NI ELVISmx Instrument Launcher"，启动虚拟仪器软面板，如前文图 4-4 所示。

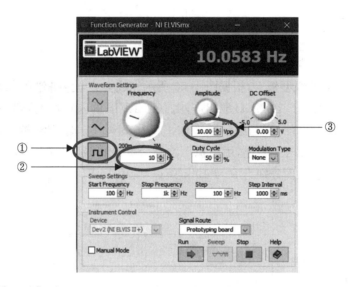

图 4-51　函数信号发生器软面板

单击"Function Generator"，打开图 4-51 所示函数信号发生器软面板。

（2）根据图 4-51 所示设置函数发生器的相关参数：

① Waveform Settings（波形设置）：Square；

② Frequency（频率）：1 000 Hz（5 000 Hz，10 000 Hz）；

③ Amplitude（峰值）：10Vpp。

完成这些选项的配置后，单击下方绿色箭头"Run"按钮，保持当前状态为输出状态。

2. 虚拟示波器设置

（1）NI ELVIS 平台接口连线。在原型板上完成上述图 4-50 所示所有连线后，在 NI ELVIS 工作台和原型板之间完成以下接口连线：

● 工作台 SCOPE CH0 BNC→原型板 BNC1

● 工作台 SCOPE CH1 BNC→原型板 BNC2

（2）单击"开始"→"所有程序"→"National Instruments"→"NI ELVISmx for NI ELVIS & NI myDAQ"→"NI ELVISmx Instrument Launcher"，启动虚拟仪器软面板，如前文图 4-4 所示。

单击"Oscilloscope"，打开图 4-52 所示虚拟示波器软面板。

（3）根据图 4-52 所示设置虚拟示波器的相关参数：

① Channal 0 Source（信号源）：SCOPE CH0；

② Channal 0 Enabled 复选框：勾选；

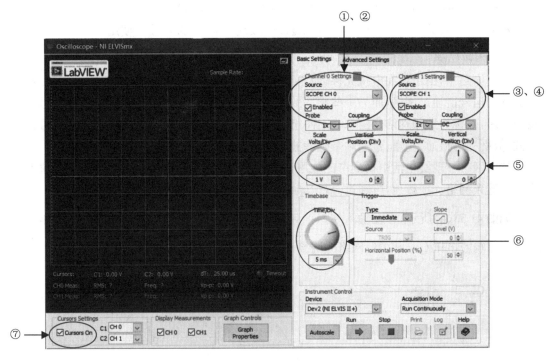

图 4-52　虚拟示波器软面板

③ Channal 1 Source(信号源)：SCOPE CH1；

④ Channal 1 Enabled 复选框：勾选；

⑤ Channal 0　Scale VoltsDiv：适当设置使波形能完全呈现，

　　Channal 1　Scale VoltsDiv：适当设置使波形能完全呈现；

⑥ Timebase Time/Div：适当调节使波形能够清晰显示；

⑦ Cursors on 复选框：勾选，采用光标获取时间增量。

完成这些选项的配置后，单击下方绿色箭头"Run"按钮，在虚拟示波器上便可以观察到输入和输出信号波形。

六、实验思考与拓展

(1) 在本实验中，输入信号不采用方波信号，而采用直流信号，那么在示波器屏幕上能看到过渡过程的输出波形吗？

(2) 在本实验中，若改变输入电压信号 U_S 的幅值大小，将对一阶 RC 电路的输出响应有哪些影响？相应电路的时间常数有否变化？

4.8　RC 选频网络

一、实验目的

● 用实验方法研究 RC 网络的频率特性。

● 掌握幅频特性和相频特性的测量方法。

● 通过测量网络的频率曲线,了解 RC 选频网络的选频特性。

● 学习 NI ELVIS 虚拟数字万用表、虚拟函数发生器、虚拟示波器使用方法。

二、实验原理

交流电路中,由于存在电抗元件,对不同频率的激励信号,网络将产生不同的响应,有一些频率的信号能通过网络,而另一些频率的信号则无法通过。这样的网络对激励信号形成滤波作用,被称为选频网络。由 RC 元件组成的 RC 选频网络,有低通、高通、带通、带阻等形式,分别称为低通、高通、带通和带阻滤波器。

选频网络在现实生活中得到广泛应用,如图 4-53(a)所示的文氏电桥电路,便为典型的带通型选频网络。一般地,可通过分析其频率特性(即网络函数)来研究其选频特性。

如图 4-53(a)所示,若在输入端口加频率可变的正弦激励电压 $\dot{U}_i$,则输出端有相同频率的正弦响应电压 $\dot{U}_o$,该 RC 网络的网络函数(电压传输比)为

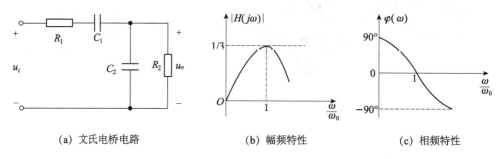

(a) 文氏电桥电路　　　　(b) 幅频特性　　　　(c) 相频特性

图 4-53　文氏电桥电路及其频率特性

$$H(j\omega) = \frac{\dot{U}_o}{\dot{U}_i} = |H(j\omega)| \angle \varphi(\omega) \tag{4-11}$$

其中,$H(j\omega)$ 又称为频率特性;$|H(j\omega)|$ 为幅频特性;$\varphi(\omega)$ 为相频特性。

因此,图 4-60(a)所示的文氏电桥电路选频网络中,相应的频率特性可表示为

$$H(j\omega) = \frac{\dot{U}_o}{\dot{U}_i} = \frac{1}{\left(1 + \dfrac{R_1}{R_2} + \dfrac{C_2}{C_1}\right) + j\left(R_1 C_2 \omega - \dfrac{1}{R_2 C_1 \omega}\right)} \tag{4-12}$$

其中,
$$|H(j\omega)| = \frac{1}{\sqrt{\left(1 + \dfrac{R_1}{R_2} + \dfrac{C_2}{C_1}\right)^2 + \left(R_1 C_2 \omega - \dfrac{1}{R_2 C_1 \omega}\right)^2}} \tag{4-13}$$

$$\varphi(\omega) = -\arctan \frac{R_1 C_2 \omega - \dfrac{1}{R_2 C_1 \omega}}{1 + \dfrac{R_1}{R_2} + \dfrac{C_2}{C_1}} \tag{4-14}$$

式中,ω 为正弦信号的角频率。从式中可以看出,电路参数不变时,输出电压 $\dot{U}_o$ 与输入电压 $\dot{U}_i$ 的角频率 ω 有关。

图 4-53(b)，(c)所示分别为文氏电桥电路选频网络的幅频特性和相频特性。从图中可以看出，在 $[0, \omega_0]$ 频率范围内，幅频特性随频率的增加而增大；在 $[\omega_0, \infty)$ 频率范围内，幅频特性随频率的增加而减小。由此表明，某频率范围内的信号可以通过该网络，而其他频率信号则受到抑制无法通过该网络，说明该网络具有选频特性。

同时，由式(4-12)可知，当 $R_1 C_2 \omega_0 - \dfrac{1}{R_2 C_1 \omega_0} = 0$，即 $\omega_0 = \dfrac{1}{\sqrt{R_1 R_2 C_1 C_2}}$ rad/s 或 $f_0 = \dfrac{1}{2\pi\sqrt{R_1 R_2 C_1 C_2}}$ Hz 时，输出电压 $\dot{U}_\circ$ 与输入电压 $\dot{U}_i$ 同相位，电路呈电阻特性，此时：

$$\dot{U}_\circ = \frac{\dot{U}_i}{1 + \dfrac{R_1}{R_2} + \dfrac{C_2}{C_1}} \tag{4-15}$$

输出电压值达到最大。

当 ω（或 f）为其它频率值时，输出电压 $\dot{U}_\circ$ 均小于输出电压最大值。

三、实验设备与器材

● NI ELVIS Ⅱ＋实验平台　　　　1 套
● 计算机　　　　　　　　　　　1 台
　（安装有 NI ELVISmx Instrument Launcher 及 NI ELVIS 驱动软件）
● 电阻 10 kΩ　　　　　　　　　2 个
● 电容 0.01 μF　　　　　　　　2 个

四、实验内容及步骤

1. 幅频特性测量

(1) 根据电路原理图 4-53(a)，计算出该电路的谐振频率 $f_\circ$。

(2) 在 NI ELVIS 原型板上，根据图 4-54 所示完成实验电路搭建和接线，其中 $R_1 = R_2 = 10$ kΩ，$C_1 = C_2 = 0.01$ μF。将端子 1，2 分别与原型板的 FGEN、GROUND 端相连，由 NI ELVIS 的虚拟函数发生器为实验电路提供输入信号 u_i；端子 3 和 4 分别与原型板的 BANANA A 和 BANANA B 端相连，用虚拟数字万用表来测量输出信号 $u_\circ$ 的大小。

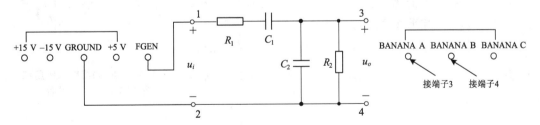

图 4-54　RC 选频网络实验幅频特性测量电路连接图

(3) 设置 NI ELVIS 的函数发生器为电路输入端 u_i 提供频率为 200 Hz、有效值为 3 V 的正弦交流电压信号。

(4) 测量幅频特性：保持函数发生器的信号输出电压（即 RC 网络输入电压）U_i 幅值恒

定,改变信号频率 f,使信号频率 f 与谐振频率 f_0 的比值 f/f_0 分别为 0.2,0.4,0.6,…,2.5,3,用虚拟数字万用表测量输出电压幅值 U_0,填入表 4-21 中;同时在改变频率的过程中记录下输出电压取得最大值时对应的频率,与仿真结果和理论值进行对比,分析可能的误差来源。

（5）根据表 4-21 中的数据逐点描绘出幅频特性。

表 4-21 RC 选频网络的幅频特性实验数据

f/f_0	0.2	0.4	0.6	0.8	1	1.5	2	2.5	3
U_0/V									

2. 相频特性测量

（1）根据电路原理图 4-53(a),计算出该电路的谐振频率 f_0。

（2）在 NI ELVIS 原型板上,根据图 4-55 所示完成实验电路搭建和接线,其中 $R_1 = R_2 = 10\ k\Omega$, $C_1 = C_2 = 0.01\ \mu F$。将端子 1,2 分别与原型板的 FGEN、GROUND 端相连,由 NI ELVIS 的 FGEN 为实验电路提供输入信号 u_i;端子 1,2 和 3,4 分别与原型板的 BNC1+、BNC1-和 BNC2+、BNC2-端相连,用虚拟示波器来分别观测输入、输出信号 u_i 和 u_0。

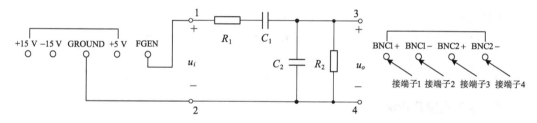

图 4-55 RC 选频网络实验相频特性测量电路连接图

（3）设置 NI NIELVIS 的函数发生器为电路的输入 u_i 提供频率为 200 Hz、有效值为 3 V 的正弦交流电压。

（4）测量相频特性:保持函数发生器的信号输出电压（即 RC 网络输入电压）U_i 恒定,改变信号频率 f,使信号频率 f 与谐振频率 f_0 的比值 f/f_0 分别为 0.2,0.4,0.6,…,2.5,3,用虚拟双踪示波器同时观察 u_i 和 u_0 波形。若两个波形的延时为 Δt,周期为 T,如图 4-56 所示,则它们的相位差 $\varphi = \dfrac{\Delta t}{T} \times 360°$;将数据填入表 4-22 中,然后逐点描绘出相频特性。

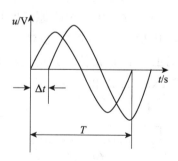

图 4-56 RC 网络输入电压和输出电压的相频特性

表 4-56 RC 选频网络相频特性实验数据

f/f_0	0.2	0.4	0.6	0.8	1	1.5	2	2.5	3
φ									

五、NI ELVIS 实验操作

1. 函数发生器设置

单击"开始"菜单→"所有程序"→"National Instruments"→"NI ELVISmx for NI ELVIS & NI myDAQ"→"NI ELVISmx Instrument Launcher",启动虚拟仪器软面板,如前文图 4-4 所示。

单击 "Function Generator",打开图 4-53 所示函数发生器软面板。

根据图 4-57 所示设置函数发生器的相关参数:

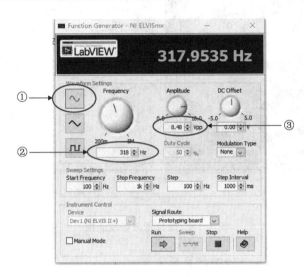

图 4-57　函数发生器软面板

① Waveform Settings(波形设置):Sine;

② Frequency(频率):318 Hz;

③ Amplitude(峰值):8.48V_{pp}。

完成这些选项的配置后,单击下方绿色箭头"Run"按钮,保持当前状态为输出状态。

注:设置正弦电压信号的 V_{pp} 为 8.48 V 的原理:由于输入正弦电压信号的有效值为 3 V,换算到幅值为 4.24 V, NI ELVIS 中 V_{pp} 为峰—峰值,即波峰到波谷的差值。

2. 数字万用表直流电压测量

实验操作参照 4.2 节内容。

3. 虚拟示波器设置

(1) NI ELVIS 平台接口连线

在原型板上分别完成各项实验电路的所有连线后,在 NI ELVIS 工作台和原型板之间完成以下接口连线:

● 工作台 SCOPE CH0 BNC→原型板 BNC1

● 工作台 SCOPE CH1 BNC→原型板 BNC2

(2) 单击"开始"→"所有程序"→"National Instruments"→"NI ELVISmx for NI ELVIS & NI myDAQ"→"NI ELVISmx Instrument Launcher",启动虚拟仪器软面板,如图

4-4 所示。

单击"Oscilloscope",打开图 4-58 所示虚拟示波器软面板。

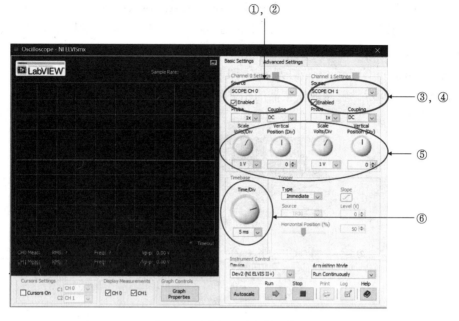

图 4-58　虚拟示波器软面板

根据图 4-54 所示设置示波器的相关参数：

① Channal 0 Source(信号源)：SCOPE CH0；

② Channal 0 Enabled 复选框：勾选；

③ Channal 1 Source(信号源)：SCOPE CH1；

④ Channal 1 Enabled 复选框：勾选；

⑤ Channal 0 /1 Scale VoltsDiv，Vertical Position：适当设置使波形能完全呈现；

⑥ Timebase Time/Div：适当调节使波形能够清晰显示。

完成这些选项的配置后，单击下方绿色箭头"Run"按钮，在图 4-54 所示虚拟示波器上观察输入和输出信号波形。

六、实验思考与拓展

(1) 什么是 RC 串、并联电路的选频特性？

(2) 当频率等于谐振频率时，电路的输出、输入有何关系？

4.9　方波-三角波发生器

一、实验目的

● 掌握方波-三角波发生电路的特点和分析方法。

● 熟悉方波-三角波发生器的设计方法。

● 加深对比较器和积分电路的理解。

● 学习 NI ELVIS 虚拟数字万用表、虚拟函数发生器、虚拟示波器使用方法。

二、实验原理

本实验设计电路产生振荡，通过 RC 电路和滞回比较器产生方波。电压比较电路用来比较模拟输入电压与设定参考电压的大小关系，比较结果决定输出是高电平还是低电平。滞回比较器主要用来将信号与零电位进行比较，决定输出电压。滞回比较器串联积分电路，再将积分电路作为比较器的输入。由于积分电路可将方波变为三角波，而比较器的输入又正好为三角波，因此整体电路可以获得方波和三角波。

（1）自激振荡

因为电路中存在噪音，噪音信号引起电路电量波动，虽然很微弱，但它们具有多频谱的特性，即在噪音中含有各次正弦波分量。这些谐波分量出现在放大电路的输入端，经过运算放大器的放大到达输出端。由于反馈网络的存在又把输出信号回送到电路的输入端。由于 RT 引入的反馈是正反馈，微弱的噪音就会被不断地放大，使得在电路的输出端出现了具有一定幅值的电信号。

（2）滞回比较电路

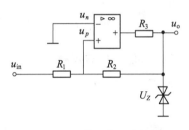

图 4-59　滞回电压比较器

U_{th} 称为阈值电压。滞回电压比较器电路如图 4-59 所示，其直流传递特性如图 4-60 所示。设输入电压初始值小于 $-U_{th}$，此时 $u_o = -U_Z$；增大 u_{in}，当 $u_{in} = U_{th}$ 时，运放输出状态翻转，进入正饱和区。如果初始时刻运放工作在正饱和区，减小 u_{in}，当 $u_{in} = -U_{th}$ 时，运放则开始进入负饱和区。

如果给图 4-59 所示电路输入三角波电压，其幅值大于 U_{th}，设 $t = 0$ 时，$u_o = -U_Z$，其输出波形为方波如图 4-61 所示。

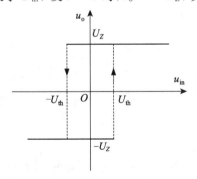

图 4-60　滞回电压比较器的直流传递特性

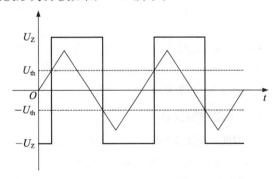

图 4-61　输入为三角波时滞回电压比较器的输出波形

（3）积分电路

对得到的方波添加积分电路，如图 4-62 所示，并分析其振荡周期。

如图 4-63 所示，积分器输出电压从 $-U_{th}$ 增加到 $+U_{th}$ 所需的时间为振荡周期 T 的一半，有积分关系式

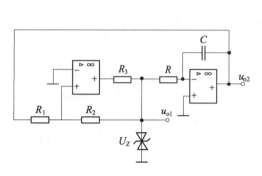

图 4-62　方波-三角波转换电路原理图

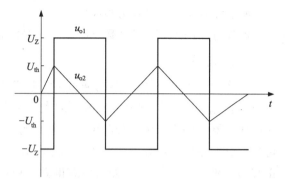

图 4-63　方波-三角波发生电路的输出波形

$$U_{th} = -U_{th} - \frac{1}{RC}\int_{t_0}^{t_0+\frac{T}{2}}(-U_Z)\mathrm{d}t \tag{4-16}$$

或

$$2U_{th} = \frac{1}{RC}U_Z\frac{T}{2} \tag{4-17}$$

注意到 $U_{th} = \dfrac{R_1}{R_2}U_Z$，故 $T = \dfrac{4RCR_1}{R_2}$，振荡频率则为 $f = \dfrac{1}{T} = \dfrac{R_2}{4RCR_1}$。

三、实验设备与器材

- NI ELVISⅡ＋实验平台　　　　　　1 套
- 计算机　　　　　　　　　　　　1 台

　（安装有 NI ELVISmx Instrument Launcher 及 NI ELVIS 驱动软件）

- 电阻 3.3 kΩ　　　　　　　　　　1 个
- 电阻 10 kΩ　　　　　　　　　　3 个
- 电阻 20 kΩ　　　　　　　　　　1 个
- 电阻 310 kΩ　　　　　　　　　　1 个
- 电容 0.01 μF　　　　　　　　　　2 个
- 稳压管 6 V/1 W　　　　　　　　2 个
- OP07 运算放大器　　　　　　　　3 个

四、实验内容及步骤

1. 滞回电压比较器的直流传递特性

（1）在 NI ELVIS 原型板上，根据图 4-64 所示完成实验电路搭建和接线，将端子 A、B 分别与原型板的 FGEN、GROUND 端相连，由 NI ELVIS 的函数发生器为实验电路提供输入信号 U_i；运算放大器 OP07 引脚 7、引脚 4 分别与原型板的＋15 V，－15 V 端相连，由 ELVIS 的＋15 V，－15 V 直流电源为其供电；将端子 C、B 分别与原型板的 BNC 1＋，BNC 1－端相连，将端子 A、B 分别与原型板的 BNC 2＋，BNC 2－端相连，用虚拟示波器（Scope）来分别观测输出、输入信号 U_o 和 U_i。图中稳压管电压为 $U_Z \approx 6$ V。

（2）调节函数发生器，使 U_i 为任意频率、幅值的三角波或正弦波信号。

（3）通过虚拟示波器观察输出、输入信号电压 u_o 和 u_i 波形，测定阈值电压。

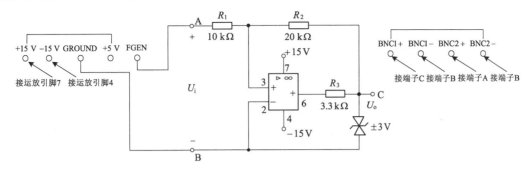

图 4-64　滞回电压比较器实验电路

2. 方波-三角波发生器

（1）在 NI ELVIS 原型板上，根据图 4-65 所示完成实验电路搭建和接线，将端子 B 分别与原型板的 GROUND 端相连；将端子 C、B 分别与原型板的 BNC 1＋、BNC 1－端相连，将端子 A、B 分别与原型板的 BNC 2＋、BNC 2－端相连，用虚拟示波器（Scope）来分别观测三角波输出信号 u_{o1} 和方波输出信号 u_{o2} 波形；运算放大器 OP07 的供电接线与上述滞回电压比较器的直流传递特性实验相同。图中稳压管两端电压 $U_Z \approx 6\,\text{V}$，原型板上所搭建实验电路实物如图 4-66 所示。

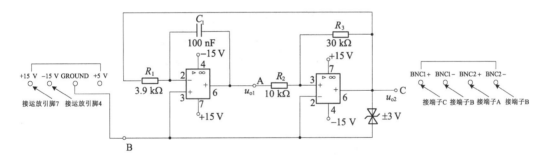

图 4-65　方波-三角波发生器实验电路

图 4-66　原型板上方波-三角波发生器搭建电路实物

（2）通过虚拟示波器观察三角波输出信号 u_{o1} 以及方波输出信号 u_{o2} 波形，读取示波器自动测量的电压信号幅值和频率，填入表 4-23，验证三角波幅值与方波电压幅值的关系为 $\dfrac{U_{三角波}}{U_{方波}} = \dfrac{R_1}{R_2}$，验证振荡频率为 $f = \dfrac{1}{T} = \dfrac{R_2}{4RCR_1}$，并进行误差分析。

表 4-23   方波-三角波发生器幅值数据

	u_{o1}（V）	u_{o2}（V）	f（Hz）
理论值			
测量值			
误差			

五、NI ELVIS 实验操作

1. 函数发生器设置

（1）单击"开始"→"所有程序"→"National Instruments"→"NI ELVISmx for NI ELVIS & NI myDAQ"→"NI ELVISmx Instrument Launcher"，启动虚拟仪器软面板，如前文图 4-4 所示。

单击"Function Generator"，打开图 4-67 所示函数发生器软面板。

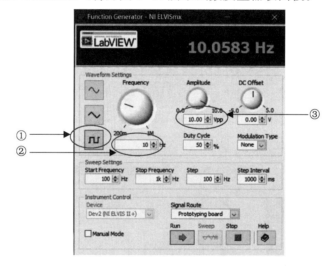

图 4-67   函数发生器软面板

（2）根据图 4-67 所示设置函数发生器的相关参数：

① Waveform Settings（函数）：Square；

② Frequency（频率）：任意调节；

③ Amplitude（峰值）：任意调节。

完成这些选项的配置后，单击下方绿色箭头"Run"按钮，保持当前状态为输出状态。

2. 虚拟示波器设置

（1）NI ELVIS 平台接口连线。在原型板上完成上述图 4-65 所示所有连线后，在 NI ELVIS 工作台和原型板之间完成以下接口连线：

● 工作台 SCOPE CH0 BNC→原型板 BNC1

● 工作台 SCOPE CH1 BNC→原型板 BNC2

（2）单击"开始"→"所有程序"→"National Instruments"→"NI ELVISmx for NI ELVIS & NI myDAQ"→"NI ELVISmx Instrument Launcher"，启动虚拟仪器软面板，如前文图 4-4 所示。

单击"Oscilloscope"，打开图 4-68 所示虚拟示波器软面板。

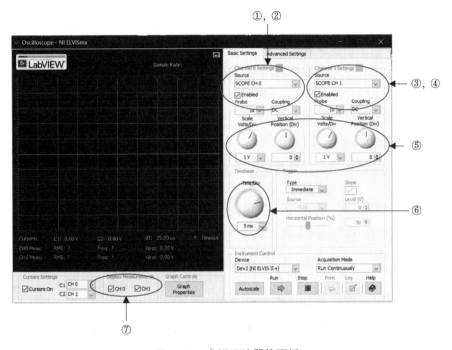

图 4-68　虚拟示波器软面板

（3）根据图 4-68 所示设置虚拟示波器的相关参数：

① Channal 0 Source（信号源）：SCOPE CH0；

② Channal 0 Enabled 复选框：勾选；

③ Channal 1 Source（信号源）：SCOPE CH1；

④ Channal 1 Enabled 复选框：勾选；

⑤ Channal 0　Scale VoltsDiv：适当设置使波形能完全呈现，
　　Channal 1　Scale VoltsDiv：适当设置使波形能完全呈现；

⑥ Timebase Time/Div：适当调节使波形能够清晰显示；

⑦ Display Measurements：CH0 复选框-勾选，
　　　　　　　　　　　　CH1 复选框-勾选，
　　　　　　　　　　　　自动获取波形幅值、频率信息。

完成这些选项的配置后，单击下方绿色箭头"Run"按钮，在虚拟示波器上观察输入和输出信号波形。

六、实验思考与拓展

（1）在方波发生器中，要改变方波的频率，可改变哪些元器件的值？

（2）方波的频率改变时，方波的幅度会不会改变？

4.10 电压越限报警电路

一、实验目的

● 了解由运算放大器组成的电压比较器电路。

● 掌握比较器芯片电路的调试和实验方法。

● 设计并搭建硬件电路，实现电压越限报警。

● 学习 NI ELVIS 虚拟数字万用表、虚拟函数发生器、虚拟示波器使用方法。

二、实验原理

电网电压超范围的波动会导致连接在其上的电器设备损坏。因此，常常需对电网电压进行越限监控。为便于对电网电压进行监控，监测电路一般采用直流电压。因此，需对 370~390 V 电压进行变换。先用变压器将此电压降低至 37~39 V，然后经过整流滤波电路，将反映电网波动的交流电压变为直流电压，供监测电路使用。

1. 窗口比较器

当去掉运放的反馈电阻时，或者说反馈电阻趋于无穷大时（即开环状态），理论上认为运放的开环放大倍数也为无穷大。此时运放便形成一个电压比较器，其输出如不是高电平（$V+$），就是低电平（$V-$ 或接地）。当正输入端电压高于负输入端电压时，运放输出低电平。

如图 4-69 所示，使用两个运放组成一个电压上下限比较器，电阻 R_1、R_1' 组成分压电路，为运放 A1 设定比较电平 U_1；电阻 R_2、R_2' 组成分压电路，为运放 A2 设定比较电平 U_2。输入电压 U_i 同时加到 A1 的正输入端和 A2 的负输入端之间，当 $U_i > U_1$ 时，运放 A1 输出高电平。运放 A1、A2 只要有一个输出高电平，晶体管 BG1 就会导通，发光二极管 LED 就会被点亮。

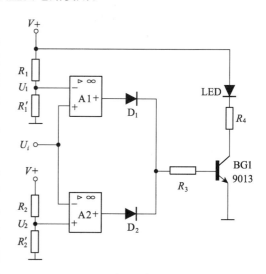

图 4-69 窗口比较器电路

若选择 $U_1 > U_2$，则当输入电压 U_i 越出 $[U_2, U_1]$ 区间范围时，LED 被点亮，这便是一个电压双限指示器。

若选择 $U_2 > U_1$，则当输入电压在 $[U_2, U_1]$ 区间范围时，LED 被点亮，这是一个"窗口"电压指示器。

此电路与各类传感器配合使用，稍加变通，便可用于各种物理量的双限检测和短路、断路报警等。

2. 电压越限报警电路

电压越限报警电路如图 4-70 所示,其中 A1 和 A2 构成窗口比较器,用于检测输入电压是否在给定参考电压范围内;电阻 R_1 和 R_2 用于保护集成比较器的输入回路,在输入电压过大时,不致损坏比较器。可调电阻 R_3、R_4 和 R_5 用于设定上门限电压和下限门限电压。A1 正输入端的门限电压为 $u_H = \dfrac{R_4 + R_5}{R_3 + R_4 + R_5} V_{CC}$,A2 负输入端的门限电压为 $u_L = \dfrac{R_5}{R_3 + R_4 + R_5} V_{CC}$。由窗口比较器的

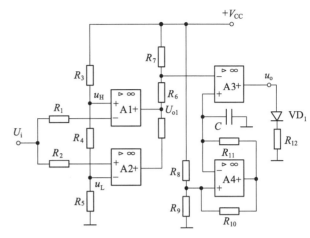

图 4-70　电压越限报警电路

原理可知,当输入电压在两个门限电压之间时,输出为高电平,运算放大器 A3 输出为低电平,此时发光二极管 VD$_1$ 不亮。而当输入电压在门限电压之外时,A1 或 A2 将会输出低电平,由于比较器具有"线与"特性,两个比较器输出为低电平,A3 的输出电压为方波,此时发光二极管 VD$_1$ 会闪烁。

三、实验设备和器材

- NI ELVIS Ⅱ＋实验平台　　　　　　1 套
- 计算机　　　　　　　　　　　　　　1 台
  （安装有 NI ELVISmx Instrument Launcher 及 NI ELVIS 驱动软件）
- 各个阻值电阻　　　　　　　　　　　若干个
- 电容 0.01 μF　　　　　　　　　　　若干个
- 发光二极管　　　　　　　　　　　　1 个
- OP07 运算放大器　　　　　　　　　4 个

四、实验内容及步骤

(1) 在 NI ELVIS 原型板上,根据图 4-71 所示完成实验电路搭建和接线,将端子 A、B 分别与原型板的＋5 V、GROUND 端相连,端子 C 与原型板的 SUPPLY＋端相连,由 NI ELVIS 的直流电源和可变电源为实验电路提供高电平基准电压和输入电压信号 u_i;运算放大器 OP07 引脚 7、引脚 4 分别与原型板的＋15 V、−15 V 端相连,由 NI ELVIS 的＋15 V、−15 V 直流电源为其供电。

(2) 调节可变电压,更改输入端的电压大小,观察发光二极管的闪烁情况,记录下开始闪烁的电压,与设计的上下门限电压进行比较。

五、NI ELVIS 实验操作——可变电源设置

(1) 单击"开始"菜单→"所有程序"→"National Instruments"→"NI ELVISmx for NI ELVIS & NI myDAQ"→"NI ELVISmx Instrument Launcher",启动虚拟仪器软面板,如图

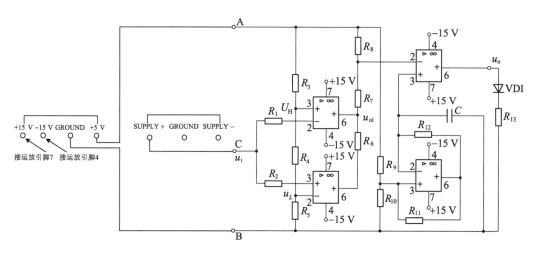

图 4-71　电压越限报警电路图

4-4 所示。

单击"Variable Power Supplies",打开图 4-72 所示可变电源软面板。

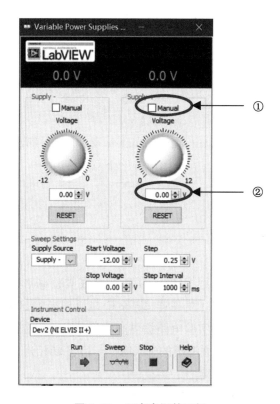

图 4-72　可变电源软面板

（2）根据图 4-72 所示设置可变电源的相关参数：

① Supply＋（正向电压输出模式）：自动（不勾选"Manual"选项）；

② Voltage（电压幅值）：通过上、下箭头，以固定改变输出电压，直至发光二极管开始

闪烁。

完成这些选项的配置后,单击下方绿色箭头"Run"按钮,保持可变电源为输出状态。

六、实验思考与拓展

在设计电压越限报警电路时,若所设置的上下门限电压发生改变,如何合理选择电路中各电阻参数?

第 5 章
仿真型实验

5.1 受控源电路

一、实验目的

- 借助 Multisim 软件仿真,熟悉由运算放大器组成的四种受控源电路。
- 了解受控源特性的测量方法及运算放大器直流供电电压对电路输入、输出的影响。

二、实验原理

受控源是一种非独立电源,它的电压或电流受电路中其他电压或电流控制。根据控制变量与受控变量的不同,受控源可分为 4 种类型,如图 5-1 所示,分别为:电压控制电压源($u_2 = \mu u_1$)、电压控制电流源($i_2 = g u_1$)、电流控制电压源($u_2 = \gamma i_1$)及电流控制电流源($i_2 = \beta i_1$)。图中 μ, g, γ, β 分别为电压放大倍数、转移电导、转移电阻和电流放大倍数。

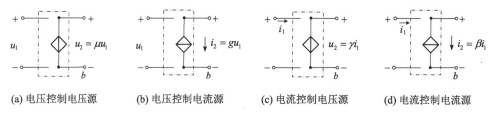

(a) 电压控制电压源   (b) 电压控制电流源   (c) 电流控制电压源   (d) 电流控制电流源

图 5-1 不同类型的受控源

1. 电压控制电压源(VCVS)

电压控制电压源电路,如图 5-2 所示。

根据运放的"虚短""虚断"特性,又因运放内阻为无穷大,有 $i_1 = i_2$,电路的输入输出关系为

$$u_2 = i_1 R_1 + i_2 R_2 = i_1(R_1 + R_2) = \frac{u_1}{R_1}(R_1 + R_2) = \left(1 + \frac{R_2}{R_1}\right) u_1 \tag{5-1}$$

即运放的输出电压 u_2 只受输入电压 u_1 的控制,而与负载 R_L 大小无关,转移电压比 $\mu = \dfrac{u_2}{u_1}$ $= 1 + \dfrac{R_2}{R_1}$。μ 无量纲,又称为电压放大系数。这里的输入、输出有公共接地点,此联接方式称为共地联接。

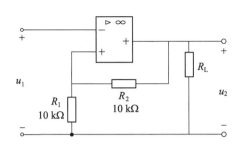

图 5-2　电压控制电压源(VCVS)电路

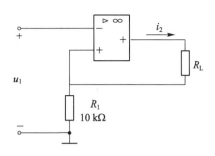

图 5-3　电压控制电流源(VCCS)电路

2. 电压控制电流源(VCCS)

将图 5-2 中的 R_1 看成一个负载电阻 R_L,如图 5-3 所示,即成为电压控制电流源。

此时,运放的输出电流 $i_2 = \dfrac{u_1}{R}$。即运放的输出电流 i_2 只受输入电压 u_1 的控制,与负载 R_L 大小无关。电路的转移电导 $g = \dfrac{i_2}{u_1} = \dfrac{1}{R}$。这里的输入、输出无公共接地点,这种联接方式称为浮地联接。

3. 电流控制电压源(CCVS)

电流控制电压源电路,如图 5-4 所示,此时,运放的输出电压 $u_2 = -i_1 R$,即输出电压 u_2 只受输入电流 i_1 的控制,与负载 R_L 大小无关。转移电阻 $\gamma = \dfrac{u_2}{i_1}$,此电路为共地联接。

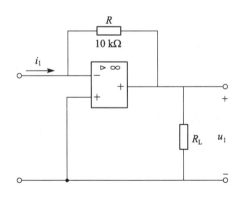

图 5-4　电流控制电压源(CCVS)电路

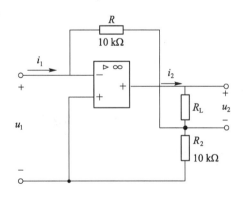

图 5-5　电流控制电流源(CCCS)电路

4. 电流控制电流源(CCCS)

电流控制电流源电路,如图 5-5 所示。

电路的输入输出关系为 $i_2 = \left(1 + \dfrac{R_1}{R_2}\right) i_1$,即输出电流只受输入电流 i_1 的控制,与负载 R_L 大小无关。转移电流比 $\beta = \dfrac{i_2}{i_1} = \left(1 + \dfrac{R_1}{R_2}\right)$。$\beta$ 无量纲,又称为电流放大系数。此电路为

浮地联接。

三、实验内容及步骤

1. 电压控制电压源(VCVS)电路仿真

(1) 测试电压控制电压源(VCVS)的转移特性

电路如图 5-2 所示,运算放大器的直流供电电压设置为 $+15$ V, -15 V, $R_L = 5$ kΩ,在输入端 u_1 接入表 5-1 中直流电压,用数字万用表测量输出端 u_2 的电压,将数据填入表 5-1 中,并计算电压放大倍数 μ。

表 5-1　VCVS 的转移特性

u_1(V)	1	2	3	4	5
u_2(V)					
μ					

(2) 测试电压控制电压源(VCVS)的的负载特性

输入 $u_1 = 2$ V,负载电阻 R_L 换为 10 kΩ 可调电阻,用数字万用表测量负载电阻变化时的输出电压 u_2,将数据填入表 5-2 中,观察负载变化对输出电压 u_2 是否有影响。

表 5-2　VCVS 的负载特性

R_L(kΩ)	2	4	6	8	10
u_2(V)					

(3) 测试运放直流供电电压对电路输入、输出的影响

改变运算放大器的直流供电电压(表 5-3),测量保持电压放大倍数 μ 不变时的最大输入、输出电压值,将数据填入表 5-3 中,分析运算放大器的直流供电电压对输入、输出的影响。

表 5-3　运放直流供电电压对电路输入、输出的影响

运算放大器的直流供电电压 (V)	±15	±12	±10	±8	±5
最大 u_1(V)					
最大 u_2(V)					

2. 电压控制电流源(VCCS)电路仿真

(1) 测试电压控制电流源(VCCS)的转移特性

电路如图 5-3 所示,运算放大器的直流供电电压设置为 $+15$ V, -15 V, $R_L = 2$ kΩ,在输入端接入表 5-4 中直流电压 u_1,用数字万用表测量输出端的电流 i_2,将数据填入表 5-4 中,并计算转移电导 g。

表 5-4　VCCS 的转移特性

u_1(V)	1	2	3	4	5
i_2(mA)					
g					

（2）测试电压控制电流源（VCCS）的负载特性

输入 $u_1 = 2\,V$，负载电阻 R_L 换为 $10\,k\Omega$ 可调电阻，用数字万用表测量负载电阻变化时的输出电流 i_2，将数据填入表 5-5 中，观察负载变化时对输出电流 i_2 是否有影响。

表 5-5　VCCS 的负载特性

R_L(kΩ)	2	4	6	8	10
i_2(mA)					

（3）测试运放直流供电电压对电路输入、输出的影响

改变运算放大器的直流供电电压（表 5-6），测量转移电导 g 不变时的最大输入电压、输出电流值，将数据填入表 5-6 中，分析运算放大器的直流供电电压对输入、输出的影响。

表 5-6　运放直流供电电压对电路输入、输出的影响

运算放大器的直流供电电压（V）	±15	±12	±10	±8	±5
最大 u_1(V)					
最大 i_2(mA)					

3. 电流控制电压源（CCVS）电路仿真

（1）测试电流控制电压源（CCVS）的转移特性

电路如图 5-4 所示，运算放大器的直流供电电压设置为 $+15\,V$，$-15\,V$，$R_L = 5\,k\Omega$，在输入端接入表 5-7 中直流电流 i_1，用数字万用表测量输出端 u_2 的电压，将数据填入表 5-7 中，并计算转移电阻 γ。

表 5-7　CCVS 的转移特性

i_1(mA)	0.1	0.2	0.3	0.4	0.5
u_2(V)					
γ					

（2）测试电流控制电压源（CCVS）的负载特性

输入 $i_1 = 0.2\,mA$，负载电阻 R_L 换为 $10\,k\Omega$ 可调电阻，用数字万用表测量负载电阻变化时的输出电压 u_2，将数据填入表 5-8 中，观察负载变化对输出电压 u_2 是否有影响。

表 5-8 CCVS 的负载特性

$R_L(\text{k}\Omega)$	2	4	6	8	10
$u_2(\text{V})$					

（3）测试运放直流供电电压对电路输入、输出的影响

改变运算放大器的直流供电电压（表 5-9），测量保持转移电阻 γ 不变时的最大输入电流、输出电压值，将数据填入表 5-9 中，分析运算放大器的直流供电电压对输入、输出的影响。

表 5-9 运放直流供电电压对电路输入、输出的影响

运算放大器的直流供电电压（V）	±15	±12	±10	±8	±5
最大 $i_1(\text{mA})$					
最大 $u_2(\text{V})$					

4. 电流控制电流源（CCCS）电路仿真

（1）测试电流控制电流源（CCCS）的转移特性

电路如图 5-5 所示，运算放大器的直流供电电压设置为 +15 V，−15 V，$R_L = 2\,\text{k}\Omega$，在输入端接入表 5-10 中直流电流 i_1，用数字万用表测量输出端的电流 i_2，将数据填入表 5-10 中，并计算放大倍数 β。

表 5-10 CCCS 的转移特性

$i_1(\text{mA})$	0.1	0.2	0.3	0.4	0.5
$i_2(\text{mA})$					
β					

（2）测试电流控制电流源（CCCS）的负载特性

输入 $i_1 = 0.2\,\text{mA}$，负载电阻 R_L 换为 $10\,\text{k}\Omega$ 可调电阻，用数字万用表测量负载电阻变化时的输出电流 i_2，将数据填入表 5-11 中，观察负载变化对输出电流 i_2 是否有影响。

表 5-11 CCVS 的负载特性

$R_L(\text{k}\Omega)$	2	4	6	8	10
$i_2(\text{mA})$					

（3）测试运放直流供电电压对电路输入、输出的影响

改变运算放大器的直流供电电压（表 5-12），测量保持放大倍数 β 不变时的最大输入电流、输出电流值，将数据填入表 5-12 中，分析运算放大器的直流供电电压对输入、输出的

影响。

表 5-12 运放直流供电电压对电路输入、输出的影响

运算放大器的直流供电电压（V）	±15	±12	±10	±8	±5
最大 i_1(mA)					
最大 i_2(mA)					

四、仿真过程及步骤

1. 绘制电路原理图

(1) ±15 V供电电源和接地：依次选择"Place"→"Component"→"Sources"→"POWER SOURCES"→"VCC""VEE"和"GROUND"，设置 VCC 为+15 V，VEE 为−15 V。

(2) 电阻：依次选择"Place"→"Component"→"Basic"→"RESISTOR"，设置为 10 kΩ，5 kΩ。右键单击元件，选择"Rotate 90°clockwise"可实现元件旋转。

(3) 运算放大器：依次选择"Place"→"Component"→"Analog"→"741"。

(4) 直流电压源和接地：依次选择"Place"→"Component"→"Sources"→"POWER SOURCES"→"DC_POWER"和"GROUND"，设置直流源为 5 V。

(5) 万用表：在主窗口右边的虚拟仪器工具栏，单击万用表"Multimeter"的图标，在画图窗口放置两个万用表。

(6) 连线：按图 5-2 连线。当鼠标靠近元器件引脚时，鼠标会变成"十字中心加黑点"的形状，单击第一个元件的引脚，此时光标会附着一条直线，移动光标的过程中，按下鼠标左键可以控制线的走向，到第二个元件的引脚再单击一次，完成连线。完成连线的电路如图 5-6 所示。

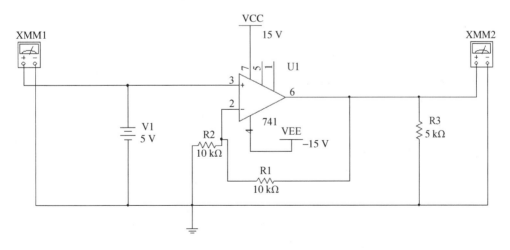

图 5-6 Multisim 中的电路原理图

2. 仿真分析

(1) 借助 Multisim 软件对图 5-6 进行仿真。在 Multisim 主窗口的菜单栏选择

"Simulate"→"Run",双击万用表,显示如图 5-7 所示界面。

（2）将负载电阻 R_L 换为 10 kΩ 电位器（可调电阻）。在 Multisim 主窗口的菜单栏选择"Simulate"→"Run",改变电位器的阻值,记录数字万用表显示的输出电压值,观察负载对输出电压的影响。

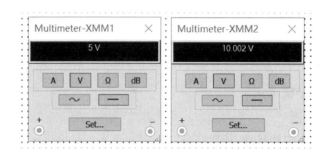

图 5-7　Multisim 中的仿真结果

（3）改变直流供电电压 VCC、VEE 的值分别为＋10 V 和－10 V,并修改直流电压源的值,单击"Simulate"→"Run",观察数字万用表显示的输出电压值,寻找电压放大倍数不变时,最大输入输出电压值。

五、实验思考与拓展

（1）若令受控源的控制量极性方向反向,其输出量极性是否发生变化?

（2）受控源与独立源相比有何异同点?

（3）受控源的输出特性是否适于交流信号?

5.2　直流电路最大功率传输

一、实验目的

● 掌握直流电路中最大传输功率的条件。

● 学习用 Multisim 仿真电路的方法和技巧。

二、实验原理

含源一端口电路 N 向终端负载 R_L 传输功率,根据戴维南定理,可将原一端口电路等效为电压源 u_{oc} 与电阻 R_{eq} 的串联,如图 5-8 所示。

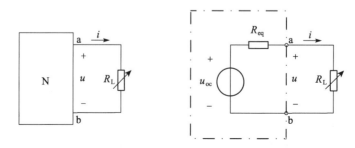

图 5-8　最大功率传输及等效电路

负载吸收的有功功率为

$$P = i^2 R_L = \frac{u_{oc}^2 R_L}{(R_L + R_{eq})^2} \tag{5-2}$$

由此可得,负载 R_L 获得的最大功率为

$$P_{max} = \frac{u_{oc}^2}{4R_{eq}} \tag{5-3}$$

获得最大功率的条件为

$$R_L = R_{eq} \tag{5-4}$$

三、实验内容及步骤

利用 NI Multisim 中的 Parameter Sweep Analysis 方法,确定图 5-9 直流电路中负载电阻 R_L 获得最大功率时的取值。

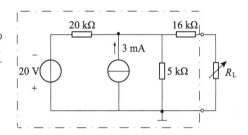

图 5-9　直流电路最大功率测试电路

四、仿真过程及步骤

1. 绘制电路原理图

(1) 直流电压源和接地:依次选择"Place"→"Component"→"Sources"→"POWER SOURCES"→"DC POWER"和"GROUND",设置直流源为 20 V。

(2) 直流电流源:依次选择"Place"→"Component"→"Sources"→"SIGNAL_CURRENT_SOURCES"→"DC CURRENT",设置电流为 3 mA。

(3) 电阻:依次选择"Place"→"Component"→"Basic"→"RESISTOR",设置电阻分别为 5 kΩ, 16 kΩ, 20 kΩ。

(4) 开关:依次选择"Place"→"Component"→"Basic"→"SWITCH"→"SPST"。

(5) 功率表:在主窗口右侧的虚拟仪器工具栏,单击"Wattmeter",鼠标在主窗口上单击一次,放置一个功率表。

(6) 电压表:选择"Place"→"Component"→"Indicators"→"VOLTMETER"→"VOLTMETER_V"。

(7) 电流表:选择"Place"→"Component"→"Indicators"→"AMMETER"→"AMMETER_V"。

(8) 连线:完成连线的原理图,如图 5-10 所示。

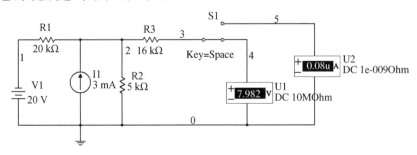

图 5-10　Multisim 仿真电路原理图

2. 仿真分析

（1）求解等效电阻

● 方法 1：

在 Multisim 主窗口的菜单栏选择"Simulate"→"Run"，此时，在电压表中显示开路电压为 7.982 V，如图 5-10 所示。按下空格键，开关切换至电流表，可看到短路电流为 0.4 mA，如图 5-11 所示，可求得等效电阻 $R_{eq} = \dfrac{u_{oc}}{i_{sc}} = 19.955 \text{ k}\Omega$。

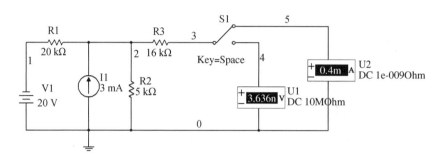

图 5-11　电路的短路电流

● 方法 2：

等效电阻 R_{eq} 为一端口的全部独立电源置零后的输入电阻，故将原理图 5-10 中的电压源短路，电流源开路，并在主窗口右侧虚拟仪器工具栏选择数字万用表 XMM1，仿真电路如图 5-12 所示。选择"Simulate"→"Run"，用鼠标双击万用数字表，可出现数字万用表的面板，如图 5-13 所示，选择电阻档，在数字显示窗口中显示出等效电阻为 20 kΩ。

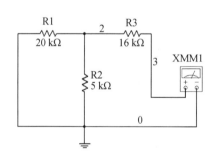

图 5-12　一端口内独立电源置零的仿真电路

图 5-13　数字万用表面板

（2）确定负载 R_L 获得最大功率时的阻值

在主窗口右侧虚拟仪器工具栏选择功率表 XWM1，并添加一负载电阻，R_L 仿真电路及功率表面板如图 5-14、图 5-15 所示。现在分析在负载电阻 R_L 变化的情况下，R_L 上功率的变化情况。选择参数扫描分析。

注：功率表的电压和电流的"+"输入端应该并接在一起，电压端并接在负载 R_L 两端，电流端子串联在电路中。

在 NI Multisim 主窗口的菜单栏选择"Simulate"→"Analyses and simulation"→"Parameter Sweep..."，弹出如图 5-16 所示的"Parameter Sweep"对话框。首先在

"Analysis parameter"选项卡中设置扫描参数。

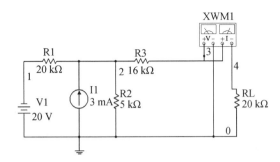

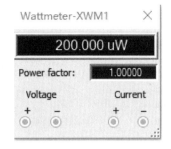

图 5-14 最大功率传输仿真电路图   图 5-15 功率表面板

● 在"Sweep parameters"区设置如下："Device type"选择"Resistor"；"Name"选择"RL"；"Parameter"选择"resistance"。

● 在"Points to sweep"区设置如下："Start"为 1 kΩ；Stop 为 30 kΩ；"Number of points"为 30。

● 在"More Options"区设置如下："Analysis to sweep"选择"DC Operating Point"，并选择"Display results on a graph"复选框。设置的参数窗口如图 5-16 所示。

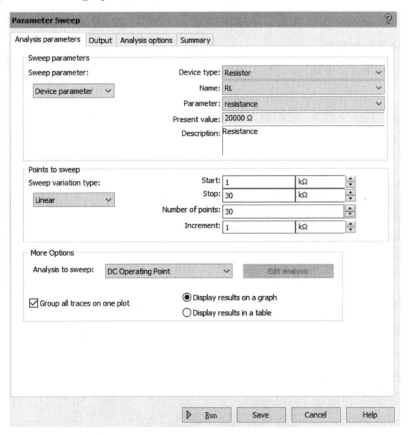

图 5-16 功率表 Power Sweep 参数设置窗口

在"Output"选项卡中选择输出项,在"Variables in circuit"栏中选择"P(RL)",单击 "Add",再单击"Run"按钮,仿真结果如图 5-17 所示。

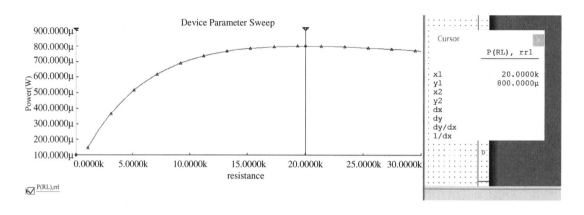

图 5-17 仿真结果 Grapher View 窗口

在图 5-17 所示仿真结果"Grapher View"窗口的菜单栏中选择"Cursor"→"Show cursors", 会弹出"Cursor"窗口,然后在菜单栏中选择"Cursor"→"Go to next Y MAX=>",则在 Grapher View 窗口中自动定位到功率最大处,在 Cursor 窗口中显示最大功率是 0.8 mW, 此时对应 $R_L = 20$ kΩ,由此可见,当负载电阻 $R_L = R_{eq}$ 时,负载获得最大功率。

五、实验思考与拓展

(1)当负载获得最大功率时,是否意味着负载从实际电路的实际独立电源处获得 50% 的功率?

(2)直流电路中负载 R_L 获得最大功率的匹配条件以及最大功率的计算方法可否同理 应用于交流正弦稳态电路?为什么?

5.3　二阶动态电路的时域分析

一、实验目的

● 学习二阶动态电路零状态响应和零输入响应的基本规律和特点。

● 分析电路参数对响应的影响。

● 学习使用 NI Multisim 仿真动态电路的方法和技巧。

二、实验原理

1. 二阶电路及其响应

用二阶微分方程描述的电路称为二阶电路。图 5-18 为由 RLC 元件串联得到的二阶电路。

本实验研究此电路在方波激励时响应的动态过程。 电路中电容电压 u_C 在零输入情况下满足的方程为

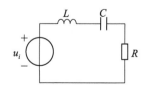

图 5-18　RLC 二阶电路原理图

$$LC \frac{d^2 u_C}{dt^2} + RC \frac{du_C}{dt} + u_C = 0. \tag{5-5}$$

上述微分方程的解为

$$u = A_1 e^{p_1 t} + A_2 e^{p_2 t},$$

$$p_{1,2} = -\frac{R}{2L} \pm \sqrt{\left(\frac{R}{2L}\right)^2 - \frac{1}{LC}} = -\delta \pm \sqrt{\delta^2 - \omega_0^2}, \tag{5-6}$$

式中，A_1 和 A_2 为积分常数；p_1 和 p_2 为微分方程的特征根；δ 称为衰减系数；ω_0 称为固有振荡频率。当电路参数满足下列关系时，有不同形式的响应：

（1）$R > 2\sqrt{\frac{L}{C}}$，响应是非振荡性的，称为过阻尼情况；

（2）$R = 2\sqrt{\frac{L}{C}}$，响应临界振荡，称为临界阻尼情况；

（3）$R < 2\sqrt{\frac{L}{C}}$，响应是振荡性的，称为欠阻尼情况；

（4）当 $R = 0$ 时，响应是等幅振荡性的，称为无阻尼情况。

响应曲线分别如图 5-19、图 5-20 所示。理想情况下，电压、电流是一组相位互差 $90°$ 的曲线，由于无能耗，所以为等幅振荡。等幅振荡角频率即为自由振荡角频率 ω_0。在无源网络中，由于有导线、电感的直流电阻和电容器的介质损耗存在，R 不可能为零，故实验中不可能出现等幅振荡。

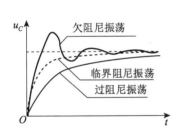

图 5-19　二阶电路阶跃响应类型

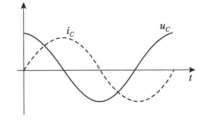

图 5-20　二阶电路的无阻尼过程

2. 状态轨迹

图 5-18 所示二阶电路电容两端的电压 u_C 和回路电流 i 可作为电路的状态变量，若 $u_C(t)$ 和 $i(t)$ 可看作平面上的坐标点，这种平面就称为状态平面。在 Multisim 示波器面板的"Timebase"栏中选择"B/A"模式，即可观察到 A 和 B 通道的状态轨迹图。

三、实验内容及步骤

（1）电路如图 5-18 所示，信号源输出频率为 100 Hz，幅值为 5 V 的方波信号，电容 $C = 0.01\,\mu F$，电感 $L = 39\,mH$。改变电阻的阻值，用示波器观察电容电压 u_C 在欠阻尼、临界阻尼和过阻尼状态时的波形，记录电阻值，验证不同状态时电阻值是否满足 $2\sqrt{\frac{L}{C}}$ 的关系。

（2）测量欠阻尼状态下 $R = 200\,\Omega$ 振荡频率 ω_0 和衰减系数 δ。

（3）观察电路电容电压 u_C 和回路电流 i 在欠阻尼、临界阻尼和过阻尼状态时的状态轨迹。

四、仿真过程及步骤

1. 绘制电路原理图

（1）函数信号发生器：在主窗口右边的虚拟仪器工具栏选择函数信号发生器"Function Generator"，在主窗口绘图区域鼠标单击一次，放置一个函数信号发生器。

（2）接地：依次选择"Place"→"Component"→"Sources"→"POWER SOURCES"→"GROUND"。

（3）电阻：依次选择"Place"→"Component"→"Basic"→"RESISTOR"，200 Ω。

（4）电容：依次选择"Place"→"Component"→"Basic"→"CAPACITOR"，0.01 μF。

（5）电感：依次选择"Place"→"Component"→"Basic"→"INDUCTOR"，39 mH。

（6）连线：完成连线的原理图如图 5-21 所示。

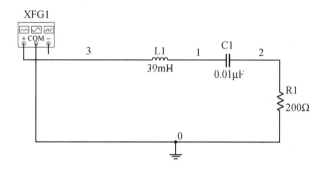

图 5-21　原理图连线图

双击信号发生器的图标，出现如图 5-22 所示前面板，函数信号发生器可以产生正弦波、三角波和方波电压信号源。通过控制面板能方便地对输出信号的频率、幅度、占空比和直流分量进行调节。三个接线端子"＋"输出端产生一个正向输出信号；"Common"公共端通常接地；"－"输出端产生一个反向输出信号。

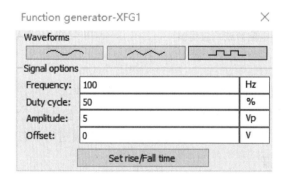

图 5-22　函数信号发生器前面板

2. 仿真分析

（1）观察如图 5-21 中所示电路中电容电压 u_{C1} 在欠阻尼、临界阻尼和过阻尼状态时的波形。根据实验原理可知，当电阻 $R_1 = 200\ \Omega$，3 950 Ω 和 8 kΩ 时，电容两端的电压分别处于欠阻尼、临界阻尼和过阻尼状态。

借助 Multisim 对电阻 R_1 取不同值时电路的响应进行扫描分析。在 Multisim 主窗口的菜单栏选择"Simulate"→"Analyses and simulation"→"Parameter Sweep",弹出 Parameter Sweep 对话框,Parameter Sweep 对话框的参数设置如图 5-23 所示。在 Analysis parameters 选项卡中的"Sweep parameters"栏:扫描类型"Device type"为"Resistor","Name"为"R1","Parameter"为"resistance";在"Points to sweep"栏,选择扫描变量的类型"Sweep variation type"为列表"List",在"Value list"栏输入 200,3 950 和 8 000;在"Edit analysis..."栏选择暂态仿真的仿真时间为 10 ms。

图 5-23 Parameter Sweep 对话框

从原理图中可知,电容两端的电压为 V(1)－V(2)。在 Parameter Analysis 对话框的"output"选项卡中单击"Add expression",弹出 Analysis Expression 对话框,在"Variables"栏中选择"V(1)",单击"Copy variable to expression",在"Functions"栏选择"－",单击"Copy function to expression",在"Variables"栏中选择"V(2)",单击"Copy variable to expression",表达式 V(1)－V(2) 添加完毕,选择"OK"。在 Parameter Sweep 对话框中单击"Run"开始运行,结果如图 5-24 所示。

由于激励为周期矩形波,所以在 $t \in [0, 5]$ms,电路为零状态响应;在 $t \in [5, 10]$ms,电路为零输入响应。为了使整个欠阻尼过程完整,应保证矩形脉冲的高电平或低电平周期大于 4~5 倍 $1/\delta$。

在 $t \in [0, 5]$ms 时,由于电容两端的电压不能突变,由图 5-24 可知,在 0^+ 时刻,电容的电压是从－5 V 开始增大。当 $R_1 = 200\ \Omega$,即欠阻尼状态时,电容两端的零状态响应呈振荡

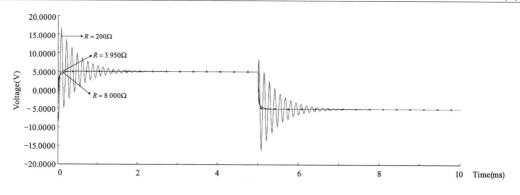

图 5-24 电容两端的三种电压波形

波形,并最终稳定在 5 V。当 $R_1 = 3\,950\ \Omega$ 和 10 kΩ 时,电路分别处于临界阻尼和过阻尼状态,此时电容两端的电压波形分别如图 5-24 所示,电压的上升速度均缓慢于欠阻尼状态,但均没有振荡过程。

在 $t \in [5,\ 10]$ms 时,由于电容两端的电压不能突变,由图 5-24 可知,在 $t = 5$ ms 时刻,电容的电压是从初值 5 V 减小。当 $R_1 = 200\ \Omega$,即欠阻尼状态时,电容两端的零输入响应呈振荡波形,并最终稳定在 −5 V。当 $R_1 = 3\,950\ \Omega$ 和 8 kΩ 时,电路分别处于临界阻尼和过阻尼状态,此时电容两端的电压波形如图 5-24 所示,电压的下降速度均快于欠阻尼状态,但均没有振荡过程。

(2) 测量 $R_1 = 200\ \Omega$ 欠阻尼状态下的振荡频率 ω_0 和衰减系数 δ。对于图 5-21 所示电路,在 Multisim 主窗口菜单栏选择"Simulate"→"Analyses and simulation"→"Transient",弹出"Transient Analysis"对话框,设置仿真时间为 0.5 ms,输出为电容电压,添加表达式"V(1)−V(2)",在 Transient Analysis 对话框中单击"Simulate",仿真结果显示在 Grapher View 窗口中,结果如图 5-25 所示。在 Grapher View 窗口的菜单栏选择"Cursor"→"Show cursors",弹出如图 5-26 所示 Cursor 窗口,然后在 Grapher View 窗口的菜单栏选择"Cursor"→"Go to next YMAX",将两个光标移动到第一个和第二个振荡周期的最大幅值处,在 Cursors 窗口会显示横纵坐标位置。可看到 $T_\mathrm{d} = \mathrm{d}x = 120\ \mu\mathrm{s}$,$U_{\mathrm{C1m}} = y_1 = 14.13\ \mathrm{V}$,$U_{\mathrm{C2m}} = y_2 = 11.69\ \mathrm{V}$,得到衰减系数和角频率为

$$\delta = \frac{1}{T_\mathrm{d}} \ln \frac{U_{\mathrm{C1m}}}{U_{\mathrm{C2m}}} = 1\,579.72, \quad \omega = 2\pi f_\mathrm{d} = 2\pi / T_\mathrm{d} = 52\,359\ \mathrm{rad/s}$$

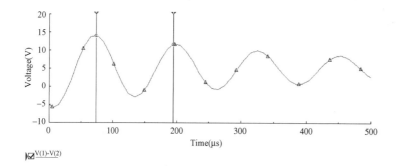

Cursor	
	V(1)−V(2)
x1	74.0104μ
y1	14.1298
x2	194.0104μ
y2	11.6930
dx	120.0000μ
dy	−2.4368
dy/dx	−20.3066k
1/dx	8.3333k

图 5-25 电容两端的电压   图 5-26 Cursor 窗口

（3）观察电路中电容电压 u_C 和回路电流 i 在欠阻尼、临界阻尼和过阻尼状态时的状态

由于状态轨迹是以电压和电流为状态变量的曲线,在这里借助 NI Multisim 虚拟仪器工具栏的电流探针,测量回路电流。电流探针的输出端与示波器相连,其电流大小由示波器及探针的电压-电流转换比计算而得。示波器 A 通道的"＋"和"－"端连接在电容 C_1 两端,B 通道的"＋"端连接到电流探头的输出端。电路连线如图 5-27 所示。双击电流探头,出现如图 5-28 所示的电流探针属性设置对话框。设置电压-电流转换比为 2 V/mA。在 NI Multisim 主窗口选择"Simulate"→"Run",双击示波器图标,出现示波器面板,在示波器面板下方的"Timebase"栏选择"B/A"模式,即可得到电容电压 u_C 和回路电流 i 的状态轨迹图。

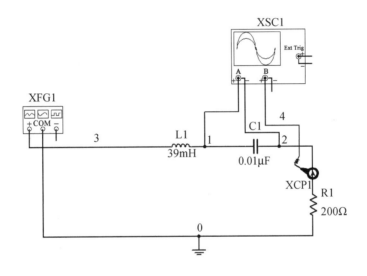

图 5-27　原理图

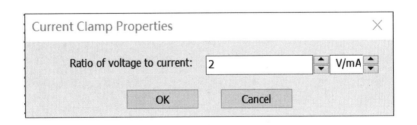

图 5-28　电流探针属性设置窗口

图 5-29 为电路处于欠阻尼状态时电容电压和回路电流的状态轨迹图,图 5-30 为电路处于临界阻尼和过阻尼时电容电压和回路电流的状态轨迹。

（4）保持方波信号幅值不变,改变其频率分别为 500 Hz，1 000 Hz,重复步骤(1)～(3)。

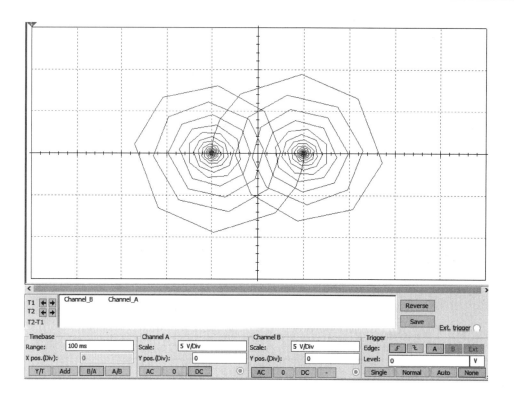

图 5-29　欠阻尼状态时电容电压和回路电流的状态轨迹

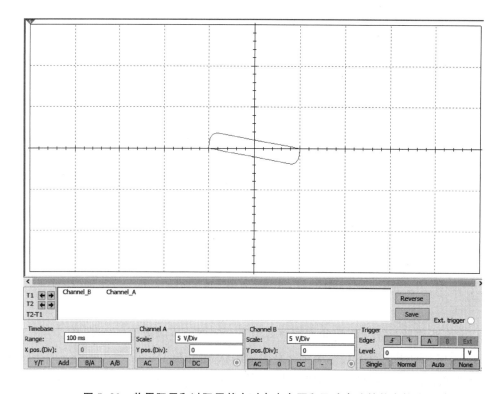

图 5-30　临界阻尼和过阻尼状态时电容电压和回路电流的状态轨迹

五、实验思考与拓展

（1）根据实验结果，分析 RC 电路中充放电时间的长短与电路中 RC 元件参数的关系。

（2）在本实验中，若输入信号不采用方波信号，而采用直流信号，那么在示波器上能观察到过渡过程的输出波形吗？为什么？

（3）时间常数 τ 的物理意义是什么？

5.4　RLC 串联谐振

一、实验目的

● 熟悉串联谐振电路的特性，加深理解电路发生谐振的条件及特点。

● 学习用 Multisim 仿真电路的方法和技巧。

二、实验原理

在图 5-31 所示的 RLC 串联电路中，在正弦电压激励下，电路的工作状态将随频率的变化而变化，这是由于感抗和容抗都是频率的函数所造成的。图 5-31 所示电路的输入阻抗为

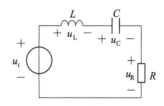

图 5-31　RLC 串联谐振回路

$$Z(\mathrm{j}\omega) = R + \mathrm{j}\left(\omega L - \frac{1}{\omega C}\right) \qquad (5\text{-}7)$$

从式（6-7）中可知，感抗和容抗有相互抵消的作用。当 $\omega_0 L - \dfrac{1}{\omega_0 C} = 0$ 时，即回路电抗 $X(\omega_0) = 0$，阻抗 $Z(\mathrm{j}\omega)$ 为一纯电阻，这时端口电压和电流同相，称电路发生串联谐振。谐振角频率 ω_0 和谐振频率 f_0 分别为

$$\omega_0 = \frac{1}{\sqrt{LC}}, \ f_0 = \frac{1}{2\pi\sqrt{LC}} \qquad (5\text{-}8)$$

串联电路发生谐振时，阻抗最小，因此在输入电压有效值不变的情况下，电流 i 和 u_R 最大。据此可以判断串联电路是否发生谐振。

取电阻 R 上的电压 u_R 作为响应，当输入电压 u_i 的幅值维持不变时，在不同频率的信号激励下，测出 u_R 之值，然后以 f 为横坐标，u_R 为纵坐标，绘出光滑的曲线，此曲线即为幅频特性曲线，亦称谐振曲线，如图 5-32 所示。

对于图 5-31 所示电路，当发生串联谐振时，有：

$$\dot{U}_L = \mathrm{j}\omega_0 L \dot{I} = \mathrm{j}\frac{\omega_0 L}{R}\dot{U}_i = \mathrm{j}Q\dot{U}_i \quad (5\text{-}9)$$

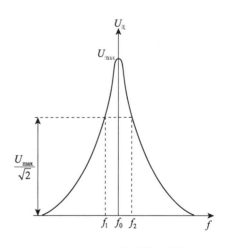

图 5-32　RLC 串联谐振曲线

$$\dot{U}_C = \frac{1}{j\omega_0 C}\dot{I} = \frac{1}{j\omega_0 CR}\dot{U}_i = -jQ\dot{U}_i \tag{5-10}$$

式中，Q 称为电路的品质因数。品质因数 Q 是反映谐振电路性质的一个重要指标。Q 值越大，电路中电流的幅值随频率变化的曲线形状越尖锐，说明偏离谐振点时，电流的幅值急剧下降，电路对非谐振频率下的电流具有较强的抑制能力，所以选择性就好。反之，Q 值越小，说明电路在谐振点附近的电流变化不大，选择性差。Q 值可通过谐振时测量电容电压与电源电压的比值或电感电压与电源电压的比值获得。

三、实验内容及步骤

根据理论公式计算信号源频率 f_0，分别测量电容和电阻两端电压，并计算出流经电阻的电流，分析是否发生谐振。如果发生谐振，计算此时的 Q 值。

四、仿真过程及步骤

1. 绘制电路原理图

（1）交流源和接地：依次选择"Place"→"Component"→"Sources"→"POWER SOURCES"→"AC POWER"和"GROUND"，设置交流源的电压有效值为 3 V，频率为 5 033 Hz。

（2）电阻：依次选择"Place"→"Component"→"Basic"→"RESISTOR"，电阻设为 100 Ω。

（3）电容：依次选择"Place"→"Component"→"Basic"→"CAPACITOR"，电容设为 0.1 μF。

（4）电感：依次选择"Place"→"Component"→"Basic"→"INDUCTOR"，电感设为 10 mH。

（5）示波器：在虚拟仪器工具栏选择"Oscilloscope"，在画图窗口单击一次，放置一个示波器。

（6）万用表：在虚拟仪器工具栏选择万用表"Multimeter"，在画图窗口放置 3 个万用表。

（7）连线：完成连线的原理图如图 5-33 所示，将 3 个万用表分别连接在电容、电感和电阻两端。

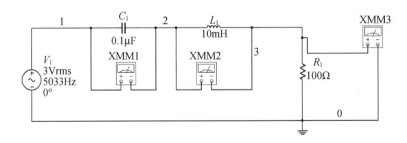

图 5-33 RLC 串联谐振电路的 Multisim 原理图

2. 仿真分析

（1）图 5-31 所示电路中，当 $C = 0.1$ μF，$L = 10$ mH，$R = 100$ Ω 时，根据理论公式计

算 f_0。设置信号源频率为 f_0 后,测量电路中各元件的电压,分析是否发生谐振。在 NI Multisim 主窗口菜单栏选择"Simulate"→"Run"。双击 3 个万用表,打开万用表前面板,选择交流电压,分别得到电容、电感和电阻上的电压有效值,如图 5-34 所示。

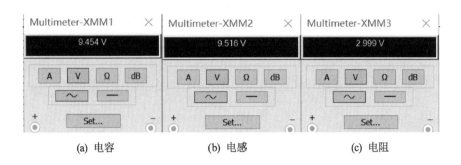

图 5-34 电容、电感及电阻两端电压的有效值

从图 5-34 可知,电容和电感两端电压的有效值基本相等,而电阻两端的电压有效值为电源电压,这说明电容和电感两端电压的幅值相等,相位相反,互相抵消。

(2) 保持交流源的电压有效值不变,调节交流电源的频率,分别使 $f/f_0 = 0.1, 0.2, 0.3, \cdots, 10$,测量交流电源在不同频率下电容和电阻两端的电压,并计算出流经电阻的电流大小,填入表 5-13 中。

(3) 保持交流源的电压有效值不变,调节交流电源的频率,使电阻两端电压为发生谐振时的电阻两端电压的 0.707 倍,并记录交流源的频率 f_{c1},f_{c2}。求出 $\Delta f = f_{c2} - f_{c1}$,填入表 5-13 中。

(4) 令 $R = 510\ \Omega$,其他参数保持不变,重复步骤(1)~(3),数据填入表 5-14 中。

表 5-13 串联谐振电路参数测量($R = 100\ \Omega$)

f/f_0	0.1	0.2	0.3	0.5	0.7	0.8	0.9	1	2	3	5	7	8	10
电阻电压(V)														
电阻电流(A)														
电容电压(V)														

$R = 100\ \Omega$	$Q =$	$f_{c1} =$	$f_{c2} =$	$\Delta f =$

表 5-14 串联谐振电路参数测量($R = 510\ \Omega$)

f/f_0	0.1	0.2	0.3	0.5	0.7	0.8	0.9	1	2	3	5	7	8	10
电阻电压(V)														
电阻电流(A)														
电容电压(V)														

$R = 510\ \Omega$	$Q =$	$f_{c1} =$	$f_{c2} =$	$\Delta f =$

（5）设置交流分析（ AC Analysis），通过扫描寻找谐振频率 f_0，并观察电阻上的电压或电流的幅频特性和相特性曲线。在 Multisim 主窗口的菜单栏选择"Simulate"→"Analyses and simulation"→"AC Sweep"，弹出 AC Sweep 对话框，在"Frequency Parameters"选项卡中设置扫描频率的范围为 1 Hz～1 GHz，"Vertical scale"选择"Linear"。从图 5-33 中可知结点 3 的电压 $V(3)$ 为电阻两端的电压。在输出"Output"选项卡中将 $V(3)$ 添加为输出变量，单击窗口下方的"Run"按钮进行仿真，幅频特性和相频特性曲线分别如图 5-35 和 5-36 所示。

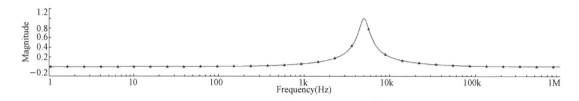

图 5-35　RLC 串联谐振电路幅频特性

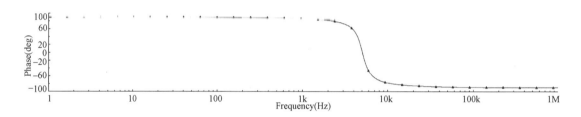

图 5-36　RLC 串联谐振电路相频特性

在 Grapher View 窗口的菜单栏选择"Cursor"→"Show cursors"，弹出如图 5-37 所示"Cursor"对话框。在 Grapher View 窗口的菜单栏选择"Cursors"→"Go to next Y_ MAX"，则在 Cursor 对话框显示出现 Y 值最大的位置，从"Cursor"对话框中可看到最大值处的频率 $x_1 =$ 5.011 9 kHz 时，最大值为 $y_1 = 0.999$（即电阻两端电压与输入电压之比）。因为在谐振频率点处，电阻两端的电压和电流达到最大值，谐振点的频率值为 $f_0 = 5.0119\,\text{kHz}$。

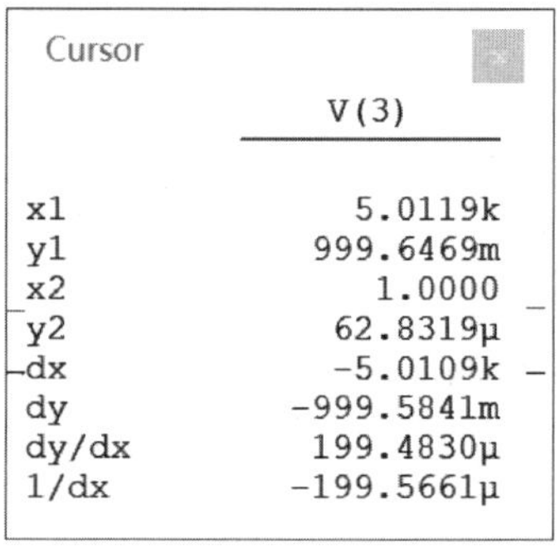

Cursor	
	V(3)
x1	5.0119k
y1	999.6469m
x2	1.0000
y2	62.8319μ
dx	-5.0109k
dy	-999.5841m
dy/dx	199.4830μ
1/dx	-199.5661μ

图 5-37　Cursor 窗口

注：在 Multisim 中进行交流分析时，无论在电路的输入端输入何种信号，进行分析时都将以正弦信号进行分析。

（6）改变电阻阻值，观察电阻对品质因数 Q 的影响。对于图 5-33 所示电路，选择分析类型为 Parameter Sweep，观察电阻值对品质因数的影响。在 Multisim 主窗口工具栏选择"Simulate"→"Analyses and simulation"→"Parameter sweep"，弹出 "Parameter Sweep"对话框。

首先在"Analysis parameters"选项卡中设置分析参数。

● 在 Sweep parameter 区设置如下："Device Type"为"Resistor"；"Name"为"R1"；"Parameter"为"resistance"。

● 在"Points to sweep"区设置如下:"Start"为 20 Ω;"Stop"为 300 Ω;"Number of Points"为 3。

● 在"More Options"区设置如下:"Analysis to sweep"为"AC sweep";选择"Edit analysis"设置交流分析的频率范围为 1 Hz~1 MHz。

其次,"Output"选项卡中设置输出项。在"Output"选项卡中选择"Add expression"添加输出为 316 * I(因为 $U_{L0} = U_{C0} = \omega_0 LI = 2\pi f_0 L \times I = 316 \times I$)。单击"Run",当电阻 R_1 取不同值时,品质因数随之变化,频率的变化如图 5-38 所示,可以看到,随着电阻 R_1 的值从 20 Ω 增加到 300 Ω,谐振频率点处的品质因数逐渐减小。

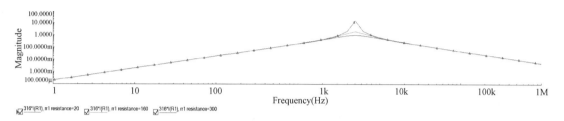

图 5-38　不同电阻值时品质因数 Q 的变化图形

五、实验思考与拓展

(1) 改变电路的哪些参数可以使电路发生谐振? 电路中 R 的数值是否影响谐振频率值?

(2) 如何判别电路是否发生谐振? 测试谐振点的方案有哪些?

5.5　功率因数的提高

一、实验目的

● 了解提高电路功率因数的意义和方法。

● 学习用 Multisim 仿真电路的方法和技巧。

二、实验原理

在正弦交流电路中,定义有功功率为瞬时功率在一个周期内的平均值,即

$$P = UI\cos\varphi \tag{5-11}$$

式中,φ 为电压和电流的相位差,$\cos\varphi$ 称为功率因数,用 λ 表示,$\lambda = \cos\varphi$。有功功率代表一端口实际消耗的功率。

同时,定义无功功率 $Q = UI\sin\varphi$,该功率体现了电路中能量的交换能力,将 $\lambda = \cos\varphi$ 代入无功功率表达式,得

$$\varphi = \arctan\frac{Q}{P} \tag{5-12}$$

当负载电压和有功功率一定时,功率因数越低,输电线路上的电流就越大,线路损耗也

越大。此外,如果功率因数比较低,会导致电源设备容量得不到充分利用。因此,提高负载端功率因数,对降低电能损耗、提高电源设备容量的利用率有着重要作用。

由于实际负载(如电动机,电焊变压器等)多为感性,会导致系统功率因数较低。常采用并联电容的方法提高功率因数,如图 5-39 所示。

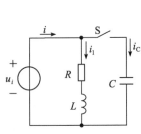

图 5-39 功率因数提高电路原理图

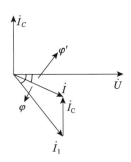

图 5-40 功率因数提高电路相量图

对于图 5-39 所示电路,并联电容前,电路中的电抗为感性,回路电流为 $\dot{I}$;当并联电容后,电容两端的电流超前电源电压 90°,此时,总电流 $\dot{I} = \dot{I_1} + \dot{I_C}$. 从相量图 5-40 可看出,并联电容后,总电流 $\dot{I}$ 和电源电压的相位差 φ' 减小了,所以功率因数 $\lambda = \cos\varphi$ 增大。应注意,并联电容并没有改变电路消耗的有功功率。

三、实验内容及步骤

(1)测量图 5-39 所示电路开关断开时的功率因数,电源有效值为 220 V,频率为 50 Hz,电阻 $R = 100\ \Omega$,电感 $L = 0.3185\ H$。

(2)测量图 5-39 所示电路并联一个 10 μF 电容后的功率因数。

四、仿真过程及步骤

1. 绘制电路原理图

(1)交流源和接地:依次选择"Place"→"Component"→"Sources"→"POWER SOURCES"→"AC POWER"和"GROUND",设置交流源的电压有效值为 220 V,频率为 50 Hz。

(2)电阻:依次选择"Place"→"Component"→"Basic"→"RESISTOR",电阻设为 100 Ω。

(3)电容:依次选择"Place"→"Component"→"Basic"→"CAPACITOR",电容设为 10 μF。

(4)电感:依次选择"Place"→"Component"→"Basic"→"INDUCTOR",电感设为 0.3185 H。

(5)开关:依次选择"Place"→"Component"→"Basic"→"SWITCH"→SPST。

(6)功率表:在主窗口右侧的虚拟仪器工具栏,单击"Wattmeter",鼠标在主窗口上单击一次,放置一个功率表。将功率表的电压和电流的"+"端子相接,两个电压端子并接在电源两端,两个电流端子串联在电路中。

(7)电压表:依次选择"Place"→"Component"→"Indicators"→"VOLTMETER"→

"VOLTMETER_V"。

(8) 电流表："Place"→"Component"→"Indicators"→"AMMETER"→"AMMETER_V"。

(9) 连线：完成连线的原理图如图 5-41 所示。

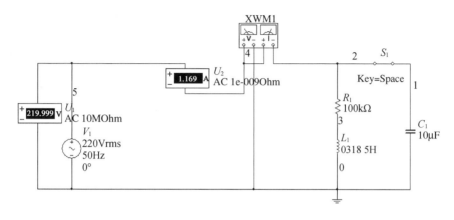

图 5-41　Multisim 仿真电路原理图

2. 仿真分析

(1) 测量图 5-39 所示电路开关断开时的功率因数

在开关断开的状态下,在 Multisim 主窗口的菜单栏选择"Simulate"→"Run",双击功率表图标,出现功率表前面板,显示不并联电容时,电阻和电感串联支路消耗的功率和功率因数。

(2) 测量图 5-39 所示电路并联一个 10 μF 电容后的功率因数

单击开关使开关闭合,此时电容并接在电阻和电感的串联支路上,在 NI Multisim 主窗口的菜单栏选择"Simulate"→"Run",双击功率表图标,出现功率表前面板,显示并联电容后,回路所消耗的功率(增大/减小/不变)和回路的功率因数(增大/减小/不变)。

五、实验思考与拓展

(1) 提高功率因数的意义和方法分别有哪些?

(2) 在感性负载上串联电容,能否提高功率因数? 这种方式可以在供电系统中使用吗? 为什么?

5.6　三相电路

一、实验目的

- 熟悉三相电路中电源和负载的星形和三角形接法。
- 学习用二瓦计法测量三相电路的功率。
- 观察在三相四线制供电系统中中线的作用。

二、实验原理

对称三相电源是由 3 个等幅值、同频率、初相依次相差 120° 的正弦电压源按星形(Y)或三角形(△)连接而成的。3 个阻抗连接成星形(三角形)就构成三相负载。三相交流电路有三相四线制和三相三线制两种结构。

(1) 三相负载消耗的功率测量——二瓦计法

在三相三线制供电系统中,不论三相负载对称与否,也不论负载是星形接法还是三角形接法,均可用两个功率表测量三相功率,习惯上称为二瓦计法。两个功率表的接线方式如图 5-42 所示,两个功率表的电流线圈分别串入两相中(图示为 A、B 两相),两个功率表的电压线圈的非同名端(即非 * 端)共同接到剩余的一相(图示为 C 相)上。三相总的有功功率为两个功率表读数之和,即 $\sum P = P_1 + P_2$。

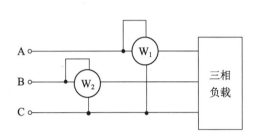

图 5-42 二瓦计法测功率

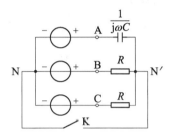

图 5-43 相序指示器

(2) 三相不对称负载的相序

图 5-43 是一种相序指示仪器,若电容所在一相设为 A 相,则电压较高的一相为 B 相,较低的一相为 C 相。

(3) 三相四线制供电系统中线的作用

对于图 5-43 所示电路,如果开关合上(接上中线),则会强制 $\dot{U}_{NN'} = 0$,所以尽管三载不对称,但接上中线后,会强制三相电压对称,使各相保持独立,各相的工作互不影响。

三、实验内容及步骤

(1) 用二瓦计法测量三相负载消耗的功率。

(2) 判别三相不对称负载的相序。

(3) 观察在三相四线制供电系统中中线的作用。

四、仿真过程及步骤

1. 绘制电路原理图

(1) 三相星型交流源和接地:依次选择"Place"→"Component"→"Sources"→"POWER SOURCES"→"THREE-PHASE-WYE"和"GROUND",设置交流源的电压有效值为 220 V,频率为 50 Hz。

(2) 电阻:依次选择"Place"→"Component"→"Basic"→"RESISTOR",电阻设为 2 kΩ。

(3) 电感:依次选择"Place"→"Component"→"Basic"→"INDUCTOR",电感设为 8 H。

(4) 功率表:在主窗口右侧的虚拟仪器工具栏,单击"Wattmeter",鼠标在主窗口上单击一次,放置一个功率表。

（5）连线：2个功率表的电压和电流的"＋"端连接在一起，电流端子分别串联在 A 相和 B 相电路中，电压端子分别并接在 AC 和 BC 两条支路上，完成连线的原理图如图 5-44 所示。

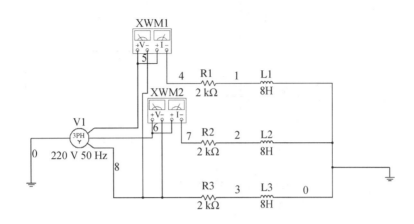

图 5-44 三相三线制 Y 形对称电源和负载电路

2. 仿真分析

（1）用二瓦计法测量三相负载消耗的功率

在 NI Multisim 主窗口的菜单栏选择"Simulate"→"Run"，双击功率表 XWM1 和 XWM2 的图标，出现两个功率表的面板，如图 5-45 所示。此三相电路所消耗的总功率为两个功率表显示数据之和。

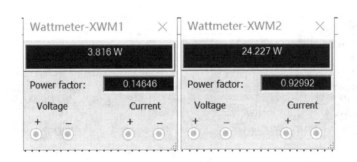

图 5-45 两个功率表显示的结果

（2）判别三相不对称负载的相序

如图 5-46 所示为三相不对称负载的三相三线制接线方式，示波器的 A 通道测量电阻 R_2 所在相的相电压波形，B 通道测量电阻 R_3 所在相的相电压波形。在 NI Multisim 主窗口选择"Simulate"→"Run"，双击示波器面板，观察 B 和 C 相的电压，从仿真图形图 5-47 中可以看到，电阻 R_3 所在相的电压大于 R_2 的相电压，所以 R_3 所在相位为 B 相，R_2 所在相位为 C 相，且从图中也可看出 R_3 的电压相位超前 R_2 的电压。

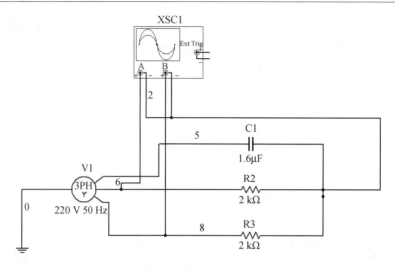

图 5-46 三相三线制接线方式

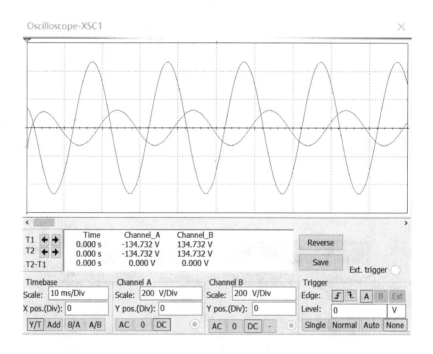

图 5-47 三相三线制接线仿真结果

（3）观察在三相四线制供电系统中中线的作用

将星形（Y）负载的中点连接到电源的地线，就构成三相四线制接线方式，如图 5-48 所示。在 NI Multisim 主窗口的菜单栏选择"Simulate"→"Run"，双击示波器面板，观察 B 和 C 相的电压，出现如图 5-49 所示仿真结果，可以看到，对于有中线的三相四线制接线方式，中线可以使各相保持独立，各相互不影响。

五、实验思考与拓展

（1）在三相四线制供电的照明线路中，中线需要安装熔丝吗？为什么？

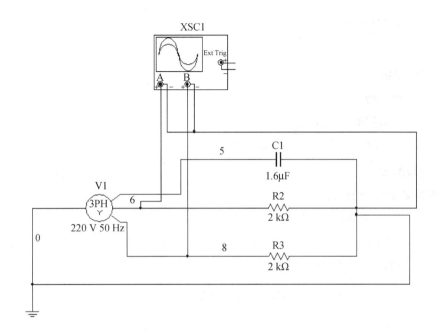

图 5-48　三相四线制接线方式

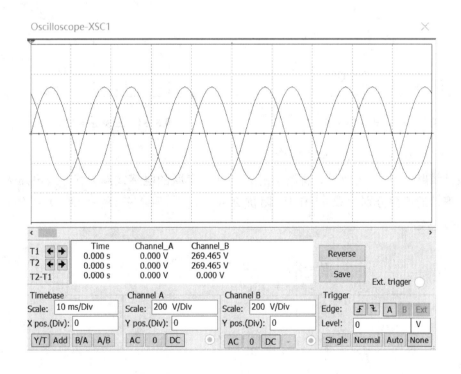

图 5-49　三相四线制接线仿真结果

（2）在三相三线制供电的照明系统中（380/220 V），若负载分别为 40 W/220 V，60 W/220 V 和 100 W/220 V 的白炽灯（星形联结），试分别分析其运行状态。

5.7 交流互感电路

一、实验目的

● 掌握互感系数 M 的计算方法。

● 学习互感电路同名端的判断方法。

● 学习 NI Multisim 仿真电路的方法和技巧。

二、实验原理

1. 互感系数的计算方法

（1）电压表、电流表法（二表法）

设计线路如图 5-50 所示。电流表的读数为 I_1，电压表的读数为 U_2，由于电压表的内阻足够大，电压表所在支路电流为零，故

$$M = \frac{U_2}{\omega I_1} \tag{5-13}$$

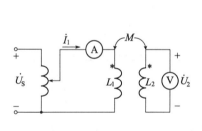

图 5-50　二表法测互感

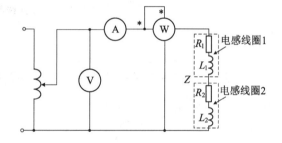

图 5-51　三表法测互感

（2）电压表、电流表和功率表法（三表法）

设计线路如图 5-51 所示。将图中的 Z 用两个串联的电感线圈替代。设电压表、电流表和功率计的读数分别为 U、I 和 P，阻抗 $Z = (R_1 + jX_{L1}) + (R_2 + jX_{L2}) = R + jX = |Z| e^{j\varphi}$，已知

$$R = \frac{P}{I^2}, \quad |X| = \sqrt{\left(\frac{U}{I}\right)^2 - R^2}$$

则

$$L = \frac{X}{\omega} \tag{5-14}$$

顺接时等效电感：$L' = L_1 + L_2 + 2M$；反接时等效电感：$L'' = L_1 + L_2 - 2M$，则

$$M = \frac{L' - L''}{4} \tag{5-15}$$

2. 互感线圈同名端的判断方法

（1）交流电压法

对于图 5-52 所示的互感电路,将两个线圈 L_1 和 L_2 的任意两端,如端点 2 和端点 4 连接在一起,构成串联电路。在其中的一个线圈,如 L_1 的 1～2 两端加一个交流电压, L_2 的 3～4 端开路,用交流电压表分别测出端电压 $\dot{U}_{12}$, $\dot{U}_{34}$, $\dot{U}_{13}$ 的有效值 U_{12}, U_{34} 和 U_{13},若电压有效值 U_{13} 是两个线圈端电压有效值 U_{12} 和 U_{34} 之差,则 1 和 3 是同名端;若电压有效值 U_{13} 是两个线圈端电压有效值 U_{12} 和 U_{34} 之和,则 1 和 4 是同名端。

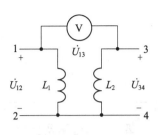

图 5-52　互感电路

原理说明:

$$\begin{cases} \dot{U}_{12} = \dot{I}_1(j\omega L_1) \\ \dot{U}_{34} = j\omega M \dot{I}_1 \end{cases} \tag{5-16}$$

顺接时:

$$\begin{cases} \dot{U}_{13} = \dot{I}_1(j\omega L_1) + j\omega M \dot{I}_1 \\ \dot{U}_{13} = \dot{U}_{12} + \dot{U}_{34} \end{cases} \tag{5-17}$$

则 1 和 4 是同名端。

反接时:

$$\begin{cases} \dot{U}_{13} = \dot{I}_1(j\omega L_1) - j\omega M \dot{I}_1 \\ \dot{U}_{13} = \dot{U}_{12} - \dot{U}_{34} \end{cases} \tag{5-18}$$

则 1 和 3 是同名端。

（2）交流电流法

将 L_1 和 L_2 两个电感线圈正串、反串接入电路,在电压相同的情况下,分别测电路中的电流。顺接等效电感增大,电流减小,则两电流流入端为同名端;反接等效电感减小,电流增大,则电流一进一出端为同名端。

（3）并联测试法

将 L_1 和 L_2 两线圈并联后与电阻串联接入电路,同侧、异侧各测一次线圈两端的电压,由去耦等效可知,在电源电压不变的情况下,电压大的两个连在一起的端点为同名端。

三、实验内容及步骤

（1）仿真计算两种不同方法下,电感 $L_1 = L_2 = 100 \text{ mH}$ 时电路的互感系数,将数据填入表 5-14 中。

（2）采用三种不同方法,判断线圈的同名端, $L_1 = L_2 = 100 \text{ mH}$。

表 5-14　两种不同方法测量的互感系数

	U_2	I_1		M
二表法				
	U	I	P	M
三表法　顺接				
反接				

四、仿真过程及步骤

1. 绘制电路原理图

（1）交流电源和接地：依次选择"Place"→"Component"→"Sources"→"POWER SOURCES"→"AC_POWER"和"GROUND"，设置交流源的电压有效值为 2 V，频率为 60 Hz。

（2）互感：依次选择"Place"→"Component"→"Basic"→"TRANSFORMER"→"COUPLED_ INDUCTORS"，双击互感元件，输入一次侧和二次侧的电感为 100mH，输入耦合系数为 0.5。

（3）电压表：依次选择"Place"→"Component"→"Indicators"→"VOLTMETER"→"VOLTMETER_V"，双击电压表，将模式调整为交流模式。

（4）连线：完成连线的原理图，如图 5-53 所示。

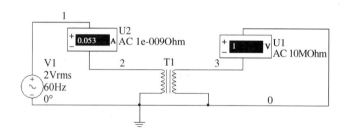

图 5-53　互感系数测量电路

2. 仿真分析

（1）仿真计算图 5-50 所示电路的互感系数

电路连接如图 5-53 所示，在菜单栏选择"Simulate"→"Run"。电压和电流值显示在屏幕中，根据原理与说明部分，可知互感系数 $M = U_2/(\omega I_1) = 0.05$，根据耦合系数的公式可得 $k = M/\sqrt{L_1 L_2} = 0.5$。

（2）判断图 5-50 所示电路的同名端

对于图 5-53 所示电路，在菜单栏选择"Simulate"→"Run"，结果如图 5-54 所示。在电压表的面板上可看到电压值，可以得到 $U_3 = U_2 - U_1$，根据实验原理，可知 1 和 3 端为同名端。

将图 5-53 中互感右边的两个接线端子互换，再进行仿真，可得到图 5-55 所示电路。从图中电压表的示数可得到 $U = 2 + 1$，根据实验原理，可知 1 和 0 端为同名端。

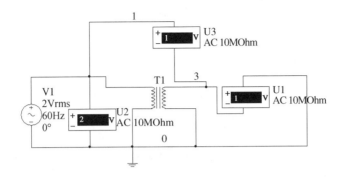

图 5-54　判断同名端电路——1 和 3 端为同名端

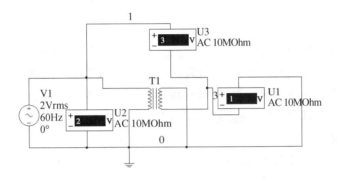

图 5-55　判断同名端电路——1 和 0 端为同名端

五、实验思考与拓展

（1）本实验中，若采用图 5-50 所示二表法测互感，当电压表内阻不够大到足以视为开路时，对测量结果有何影响？

（2）当电源频率低于 50 Hz 时，对实验结果有什么影响？

5.8　无源和有源滤波器

一、实验目的

● 学习 RC 无源滤波器和 RC 有源滤波器的幅频特性。

● 了解带通滤波器的参数设定方法。

● 学习用 Multisim 仿真电路的方法和技巧。

二、实验原理

滤波器是一种能使有用的频率信号通过而同时抑制无用频率信号的装置。通常，滤波器可描述为对输入端信号的频率有选择性地作出响应的二端口网络，如图 5-56 所示，即当输入端输入一个幅值不变而频率可改变的正弦电压 u_1 时，在电路稳定后，输出端的电压 u_2 其幅值和相位与 u_1 的大小和频率有关，它们之间的关系可用正弦稳态网络函数表示，即

$$H(\mathrm{j}\omega) = \frac{\dot{U}_o}{\dot{U}_i} = |H(\mathrm{j}\omega)| \angle \varphi(\omega). \tag{5-19}$$

图 5-56　滤波器

网络函数是个复数,又称为频率响应,它包括幅频响应特性 $|H(\mathrm{j}\omega)|$ 和相频响应特性 $\varphi(\omega)$ 两部分,为计算和应用时的方便,工程上常用 $a(\omega)$ 来代表幅值函数的对数,即

$$a(\omega) = 20\lg |H(\mathrm{j}\omega)| \quad (\mathrm{dB}) \tag{5-20}$$

根据构成元件类型分,滤波器可分为无源和有源两大类。仅由电阻、电容或电感等无源元件构成的滤波器称为无源滤波器;由电阻、电容和有源元器件(如运算放大器)构成的滤波器称为有源滤波器。根据通带和阻带所处的频率区域的不同,可将滤波器分为低通、高通、带通和带阻滤波器。其中,带通滤波器可以滤去其他频率成分,而选择特定的频率成分,是一种应用较广的滤波器。

仅由 RC 元件构成的二阶无源带通滤波器,如图 5-57 所示,可以推得,该滤波器的网络函数为

$$\begin{aligned}
H(\mathrm{j}\omega) &= \frac{\dot{U}_o}{\dot{U}_i} = \frac{1}{\left(1 + \dfrac{R_1}{R_2} + \dfrac{C_2}{C_1}\right) + \mathrm{j}\left(R_1 C_2 \omega - \dfrac{1}{R_2 C_1 \omega}\right)} \\
&= \frac{R_2 C_1 \omega}{(R_1 C_1 + R_2 C_1 + R_2 C_2)\omega + \mathrm{j}(R_2 R_2 C_1 C_1 \omega^2 - 1)}
\end{aligned} \tag{5-21}$$

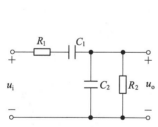

图 5-57　二阶无源带通滤波器电路

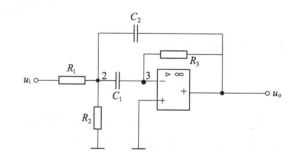

图 5-58　二阶有源带通滤波器电路

由 RC 和运算放大器构成的二阶有源带通滤波器,如图 5-58 所示。

令 $s = \mathrm{j}\omega$,采用拉普拉斯变换方法,对结点 2 和 3 列写结点电压方程,得

$$\begin{cases}
\dfrac{U_i(s) - U_2(s)}{R_1} = \dfrac{U_2(s)}{R_2} + \dfrac{U_2(s) - U_3(s)}{1/(sC_1)} + \dfrac{U_2(s) - U_o(s)}{1/(sC_2)}, \\
\dfrac{U_2(s) - U_3(s)}{1/(sC_1)} = \dfrac{U_3(s) - U_o(s)}{R_3}
\end{cases} \tag{5-22}$$

根据"虚短""虚断"原理,可知 $U^+(s) = U^-(s) = U_3(s)$,代入上式可得

$$H(s) = \frac{U_o(s)}{U_i(s)} = \frac{bs}{s^2 + \frac{\omega_0}{Q}s + \omega_0^2} \tag{5-23}$$

式中, $b = -\dfrac{1}{C_2 R_1}$; $\omega_0 = \sqrt{\dfrac{R_1 + R_2}{C_1 C_2 R_1 R_2 R_3}}$ 为特征角频率; $Q = \dfrac{\omega_0}{\dfrac{1}{C_2 R_3} + \dfrac{1}{C_1 R_3}}$ 为品质因数。

对于阻抗可以自由选定的有源滤波器,一般先选定电容的值,因为能购买到的电容容量值只有 E6 系列或 E2 系列中所具有的值,故不能得到任意容量的电容值。设 $C_f = C_1 = C_2$,且令

$$H(j\omega_0) = \frac{u_o(j\omega_0)}{u_i(j\omega_0)} = \frac{bQ}{\omega_0} = A$$

为通带增益,则可以得到:

$$f_0 = \frac{1}{2\pi}\sqrt{\frac{R_1 + R_2}{C_1 C_2 R_1 R_2 R_3}}, \quad R_3 = \frac{Q}{\pi f_0 C_f}, \quad R_1 = \frac{R_3}{2A}, \quad R_2 = \frac{R_3}{2(2Q - A)} \tag{5-24}$$

故选定电容参数后,可以根据上述公式选择电阻元件参数。

三、实验内容及步骤

设计一个中心频率为 1 kHz, $Q = 5$,增益为 1 的带通滤波器。

根据原理与说明中的推导公式,设 $C_f = C_1 = C_2 = 0.1\ \mu F$,可以得到 $f_0 = 1$ kHz, $R_3 = 15.92$ kΩ, $R_1 = 7.96$ kΩ, $R_2 = 162.5$ Ω。

四、仿真过程及步骤

1. 绘制电路原理图

(1) ±15 V 供电电源和接地:依次选择"Place"→"Component"→"Sources"→"POWER SOURCES"→"VCC"、"VEE"和"GROUND",设置 VCC 为 15 V,VEE 为 −15 V。

(2) 电阻:依次选择"Place"→"Component"→"Basic"→"RESISTOR",设置电阻分别为 7.96 kΩ, 15.923 kΩ, 162 kΩ。

(3) 电容:依次选择"Place"→"Component"→"Basic"→"CAPACITOR",设置电容为 0.1 μF。

(4) 运算放大器:依次选择"Place"→"Component"→"Analog"→"OP07AH"。

(5) 波特图仪:在虚拟仪器工具栏选择波特图仪(Bode Plotter)图标,单击画图窗口,放置一个波特图仪。

(6) 连线:波特图仪的输入"IN"端的"＋"和"一"端子分别连接信号源 V_1 的两端,输出"OUT"端的"＋"和"一"端子连接到运算放大器的输出端,完成连线的原理图,如图 5-59 所示。

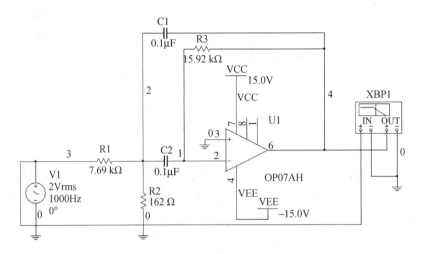

图 5-59　多重反馈型带通滤波器电路

2. 仿真分析

在菜单栏选择"Simulate"→"Run"。双击波特图仪便可看到多重反馈型带通滤波器的幅频特性和相频特性曲线,结果如图 5-60 和图 5-61 所示。

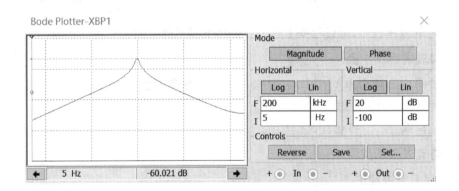

图 5-60　多重反馈型带通滤波器的幅频特性

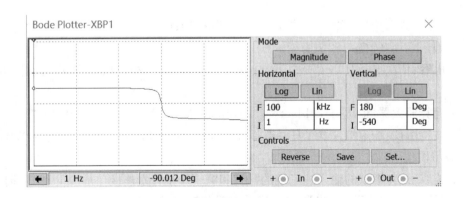

图 5-61　多重反馈型带通滤波器的相频特性

五、实验思考与拓展

（1）若以某滤波器的输出电压 u_o 作为另一与之完全相同滤波器的输入，则第二个滤波器的输出电压与第一个滤波器的输入电压之间的函数关系是否为其网络函数 $H(j\omega)$ 的平方？为什么？

（2）相比于无源滤波器，有源滤波器的主要优点和不足有哪些？

第6章
综合设计型实验

6.1 十字路口双向交通灯控制

一、实验目的

● 掌握二极管极性的测试方法。
● 掌握如何利用 NI ELVIS 实现对发光二极管的显示控制。

二、实验设备和器材

● NI ELVIS Ⅱ＋实验平台　　1 套
● 计算机　　　　　　　　　1 台
　（安装有 NI ELVISmx Instrument Launcher 及 NI ELVIS 驱动软件）
● 红、黄、绿发光二极管　　各 2 个
● 220 Ω 电阻　　　　　　　6 个

三、实验内容及步骤

（1）在 NI ELVIS 原型板上,根据图 6-1 所示分别按照东西向(左右方向)、南北向(上下方向)安装红色、黄色和绿色的 LED 灯。

每个 LED 灯都由位于面包板上的 8 位并行端口 DIO0～ DIO7 中的一个二进制位进行控制。

（2）将位于南北向(上下方向)红色 LED 灯的阳极(长管脚)与 NI ELVIS 原型板上的 DIO0 端相连,将 LED 灯的阴极(短管脚)通过 220 Ω 电阻连接到原型板的 GROUND 端。

（3）按照以下映射关系以相似的方式连接其余的彩色 LED 灯。

**图 6-1　双向十字路口交通
信号灯的 LED 灯布置**

　　✓DIO0　红色　南北方向
　　✓DIO1　黄色　南北方向
　　✓DIO2　绿色　南北方向
　　✓DIO4　红色　东西方向
　　✓DIO5　黄色　东西方向
　　✓DIO6　绿色　东西方向

原型板上所搭建实验电路实物图如图6-2所示。

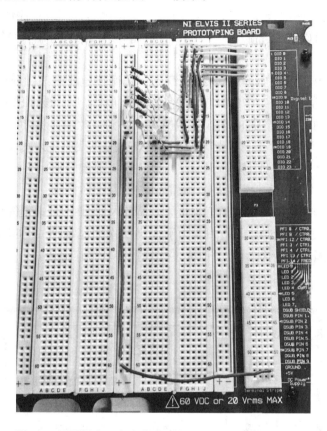

图6-2　原型板上双向十字路口交通信号灯电路搭建实物图

（4）十字路口交通信号灯工作流程基本提示：交通信号灯的基本工作周期是60 s,其中30 s为红灯,接下来25 s为绿灯,最后5 s为红灯。例如,在一个双向的十字路口,南北方向为黄灯时,东西方向为红灯,这样可以将30 s的红灯周期修改为两个子周期：一个25 s的周期,其后是一个5 s的周期。对于双向十字路口交通信号灯的操作,存在四个定时周期(T_1,T_2,T_3,T_4)。

（5）研究表6-1,了解一个双向路口十字交通信号灯是如何工作的,将表格补充完整。

表6-1　双向十字路口交通信号灯工作流程表

	方向	南北向	东西向		
	指示灯颜色	红/黄/绿	红/黄/绿	8位代码	十进制数值
T_1	25 s	001	100	00010100	20
T_2	5 s	010	100		
T_3	25 s	100	001		
T_4	5 s	100	010		

（6）利用数字输出程序,确认将哪一个 8 位代码写入到数字端口,以控制这四个固定时间间隔的交通信号灯。例如,定时周期 1 需要代码 00101000,计算机逆序读入这个比特流(最低位在最右边)。可以以二进制(00010100)、十进制(20)或十六进制(14)的基数方式读取该开关模式的数值。

（7）打开 LabVIEW 程序的后面板,观察由 For 循环生成的该四周期序列。可以使用 NI ELVISmx 数字输出程序 API 将灯代码输出至交通信号灯。该 API 的输入代码为一个 8 位布尔数组。例如,第一个定时间隔 T1 需要输入代码 20(十进制 20)。该数值是名称为灯模式的整型数组的第一个元素。将表 6-1 中的其他整型代码填入图 6-3 所示该灯模式数组的另外三个空白元素。在程序运行过程中,该灯模式数组的每一个元素都是在 For 循环(内圈的循环)的边缘通过隧道索引进入到循环内部,并被转换为一个 8 位布尔型数组。同样,每个周期的时延参数也通过隧道索引进入到循环内部,并被传递至等待函数。这些定时间隔被存储在时延数组的四个元素中。为了提高操作的速率,25 s 的时间间隔被压缩为 5 s,5 s 的时间间隔被减少为 1 s。设计 8 位代码并将其转换成十进制数值,输入程序的空白处,模拟现实生活中交通信号灯点亮顺序。

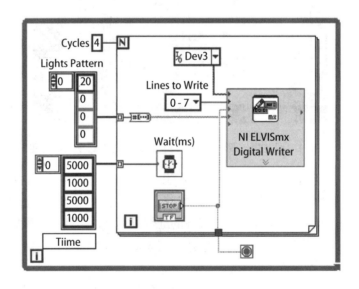

图 6-3　双向十字路口交通信号灯控制程序

上述过程的 Labview 程序,请扫描右边二维码获取。

四、实验思考与拓展

（1）在实验中,对 LED 发光亮度的控制主要通过调节与之相串联的电阻值的大小来实现。为保证实验中 LED 正常工作,试确定所串联电阻值的范围是多少?

（2）若改变交通信号灯的基本工作周期,则在控制信号和软件设计时需要调整哪些参数? 如何实现?

十字路口双向
交通灯控制

6.2　基于热敏电阻的温度测量

一、实验目的

● 掌握 Pt100 铂热电阻的特性。

● 设计检测调理电路完成温度—电压信号转化。

● 运用 LabVIEW 软件实现温度监测系统显示界面。

二、实验原理

通过设计检测系统,使系统能够检测从 $-20℃\sim180℃$ 的温度变化,且检测精度达到 0.1%。同时要求硬件电路最终输出信号控制在 $0\sim3$ V 范围内,方便软件换算温度环节的设计。

恒流源使得流过电阻 R_T 中电流 I 不变,随着温度变化,电阻值 R_T 改变,电阻两端电压值 U 可代表电阻值的改变。

(1) 传感器选择

选择传感器为 Pt100 铂热电阻,如图 6-4 所示,铂热电阻温度传感器温度特性为

$$R_T = R_0(1 + AT + BT^2 - 100CT^3 + CT^4)$$

由于我们选用 Pt100,所以 $R_0 = 100\ \Omega$,忽略二次项、三次项和四次项,则

$$R_T = 100 \times (1 + 3.908 \times 10^{-3}T)$$

计算 $T = -20℃$ 和 $T = 180℃$ 时,R_T 的范围。

Pt100 的两线制和三线制测量方法:

图 6-4　所选铂热电阻

● 两线制热电阻测量方法不能消除导线电阻误差,适合不需要精确温度测量的场合,使用时可以预先测量出导线的电阻,折合成温度后在测量结果中扣除,当然这是一种粗略的补偿方法。

● 三线制热电阻测量方法是比较常用的方法,既能消除导线电阻误差,接线也比较简单,是比较专业的温度测量方法。消除导线电阻的前提:三根导线是相同的材质、相同的线径、相同的长度。

(2) 恒流源与放大电路

测温系统恒流源与放大电路,如图 6-5 所示。

图 6-5 中 R_1 为精密电阻,V_{cc} 为恒定电压,$\dfrac{V_{cc}}{R_1} = I_f$(恒流)。

当 $T = -20℃$ 时,$R_T = 92.2\ \Omega$,$V_1 = 92.2\ \Omega \times 5\ mA = 0.461$ V;

当 $T = 180℃$ 时,$R_T = 170.2\ \Omega$,$V_2 = 170.2\ \Omega \times 5\ mA = 0.851$ V。

求取放大系数:$A = \dfrac{3\ V}{0.851\ V - 0.461\ V} = 7.69$,取 $R_3 = 1\ k\Omega$,$R_4 = 7.6\ k\Omega$,放大

7.6 倍,对应放大后输出电压为 3.503 6～6.467 6 V。

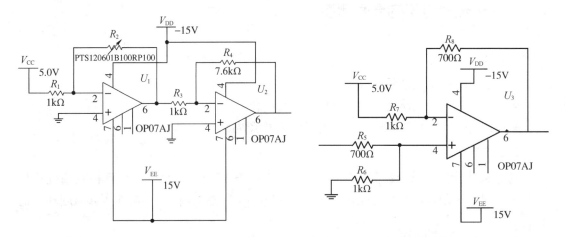

图 6-5 测温系统恒流源与放大电路   图 6-6 测温系统电平偏移电路

(3)电平偏移电路设计

测温系统电平偏移电路如图 6-6 所示。

令 $R_6 = R_7$, $R_5 = R_8$, $V_{cc} = 5$ V,为使电压偏移 3.5 V,选取 $\dfrac{R_8}{R_7} \times V_{cc} = 3.5$ V,取 $R_6 = R_7 = 1$ kΩ, $R_5 = R_8 = 700$ Ω,可得

$$V_o = \frac{R_6}{R_5 + R_6} V_i \left(1 + \frac{R_8}{R_7}\right) - \frac{R_8}{R_7} V_{cc} = V_i - 3.5$$

$$V_i = 3.503\ 6 - 6.467\ 6 \text{ V}$$

对应输出 $V_o = 0.003\ 6 \sim 2.967\ 6$ V。

完整电路图如图 6-7 所示。

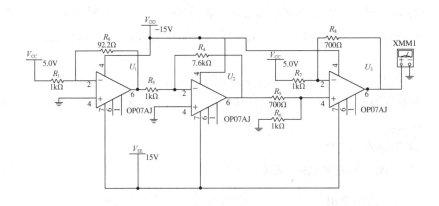

图 6-7 测温系统整体硬件电路实验图

三、实验设备和器材

● NI ELVIS Ⅱ＋实验平台   1 套

- 计算机　　　　　　　　　　1 台

（安装有 NI ELVISmx Instrument Launcher 及 NI ELVIS 驱动软件）

- 电阻　　　　　　　　　　　若干
- Pt100 铂热电阻　　　　　　1 个
- OP07 运算放大器　　　　　3 个

四、实验准备

在 Multisim 软件中对图 6-7 所示电路进行仿真,其中利用电阻 R_9 替代铂热电阻。当 R_9 分别为 92.2 Ω,100 Ω 以及 170.2 Ω 时,查看输出电压。记录仿真结果,与实际电路结果进行对比。

五、实验内容及步骤

(1) 按照图 6-7 所示原理图在 NI ELVIS 原型板上搭建实际电路,并按图中所示选取相应阻值的电阻,其中 R_9 在实际电路搭建过程中,应替换为 Pt100 铂热电阻。图中运算放大器 OP07 的引脚 7、引脚 4 分别与原型板的＋15 V,－15 V 端相连,由 NI ELVIS 的＋15 V,－15 V 直流电源为其供电。将 V_{cc} 与原型板上的＋5 V 端子相连,运算放大器 U3 的引脚 6 与原型板左上方的 AI7＋端子相连,AI7-端子则与 GROUND 端相连。原型板上所搭建实验电路实物图,如图 6-8 所示。

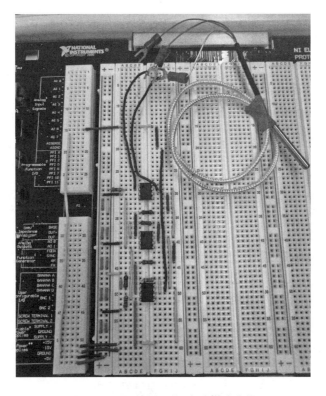

图 6-8　原型板上测温电路搭建实物

(2) 打开 LabVIEW 温度测量系统的主界面,在"通道选择"项选取"ai7"作为写入通道。

(3) 分别将热敏电阻置于室温或者热水环境中,运行 LabVIEW 程序,通过主界面观察测量到的温度数据,对测量值进行验证。

(4)在程序设计中增加"单位选择"功能,实现摄氏度和华氏度单位的转换。

六、软件设计

在温度测量系统中,基于 LabVIEW 软件设计主要负责电压信号与温度信号的转换以及温度值的显示。其程序框图如图 6-9 所示,前、后面板显示分别如图 6-10、图 6-11 所示。

图 6-9　测温软件程序框图

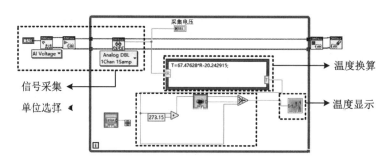

图 6-10　测温软件程序面板

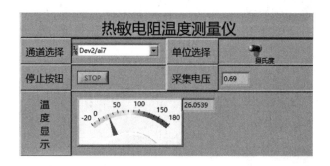

图 6-11　测温软件前面板

程序主要由信号采集、温度换算、单位选择和温度显示四部分组成。

(1)信号采集

LabVIEW 为用户提供了多种用于数据采集的函数、Vis 和 Express Vis。在本实验中选取"Measurement I/O"选板→"NI DAQmx"子选板→"DAQm-Data Acquisition"各控件实现信号采集,如图 6-12 所示。依次选取"Creat Channel""Start""Read"控件并进行对应连接,创建输入"physicialchannel"并在"通道选择"项选取"ai7"作为写入通道,"Read"控件选项选取如图 6-13 所示。完成上述步骤可实现信号采集。

(2)温度换算

依据铂热电阻的温度特性,可通过传感器电压信号在实验原理公式中的相应转换得到此时所测温度。通过 LabVIEW 软件实现简单公式计算可直接选取"公式结点"完成。如图

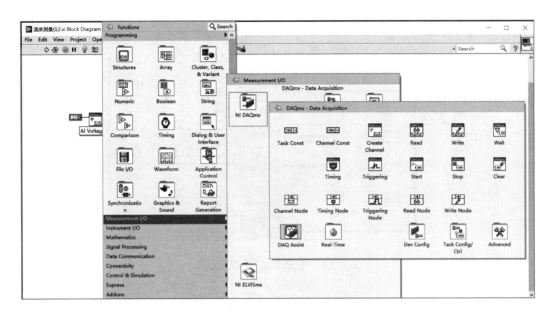

图 6-12 信号采集所需控件选择

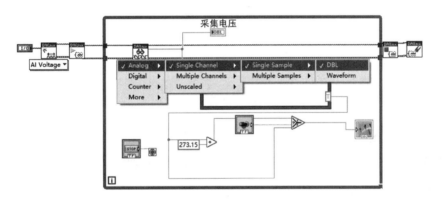

图 6-13 "DAQmx-Read"控件选项选取

6-14 所示,在"Structures"选板选取"Formula node"编写函数完成转换。

创建输入端口:鼠标右键单击公式节点左边框,从弹出菜单中选择"添加输入",在出现的输入端口中输入变量名称,如"R",就完成了输入端口的创建。本实验中将采集到的 0~3 V 电压信号作为公式的输入变量。

(3)单位选择

在程序设计中还增加了单位选择功能,可以完成摄氏度和华氏度单位的转换。在前面板选择"Boolean"→"Horizontal Toggle Switch",并选择"Comparison"→"Select"控制输出值,如图 6-15 所示,对应连接后实现摄氏度、华氏度选择。

(4)温度显示

将单位选择结果连接至任意显示控件,如:数值显示、滑竿输出、旋钮与转盘输出等。以仪表输出为例,选择"Numeric"→"Meter"对最终测量温度结果进行显示,如图 6-16 所示。

利用设计软件测量当前室温进行验证。

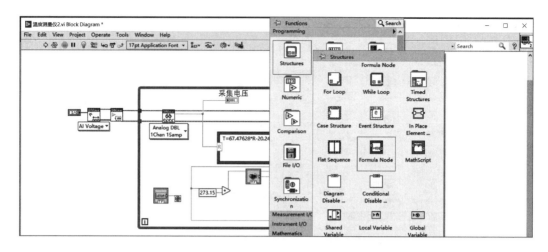

图 6-14　"公式结点"选取示意图

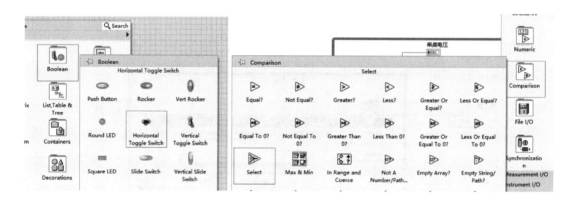

图 6-15　单位选择模块控件选取示意图

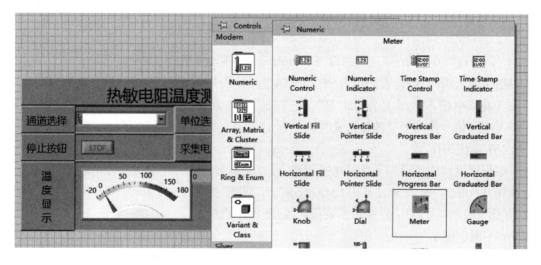

图 6-16　"仪表输出"控件选择示意图

上述过程的 LabVIEW 程序,请扫描右边二维码获取。

基于热敏电阻
的温度测量

七、实验思考与拓展

(1)进行热敏电阻测量时,为什么会有不同的接线方式? 不同接线方式对测量精度有何影响?

(2)进行热敏电阻测量时,接线方式的不同对信号检测和调理电路的设计要求是否不同? 为什么?

6.3 线性系统时域性能指标测量

一、实验目的

● 充分理解各时域性能指标的物理意义及其计算方法。
● 基于 ELVISmx 软件中示波器观察实际电路时域性能指标。
● 运用 LabVIEW 软件设计程序自动提取各项时域性能指标。

二、实验原理

本实验主要讨论在给定一阶、二阶系统的情况下,通过外加单位阶跃信号,观察整个系统的时域响应曲线。整个实验采用系统仿真、实际电路搭建与测试软件设计相结合的方式进行。

本实验的基本设计思路:针对给定的一阶、二阶系统,首先利用 NI Multisim 进行电路仿真并利用软件中虚拟示波器观察系统阶跃响应,从时域响应曲线中计算各项时域性能指标。再利用 NI ELVIS Ⅱ 平台搭建一阶、二阶系统实际电路,利用 ELVISmx 示波器观测器阶跃响应曲线并计算其时域性能指标,将实际电路所测结果与仿真电路所得结果进行比较。

为了消除人工观测读数带来的误差和不便,本实验基于 LabVIEW 软件对响应波形中时域性能指标的提取软件进行了设计,大大节省了实验过程中性能指标计算时间,减小了实验误差。

为了定量表示控制系统暂态和稳态响应的性能,在工程上一般以单位阶跃信号作为输入试验信号来定义系统的暂态和稳态性能指标。其响应曲线如图 6-17 所示。

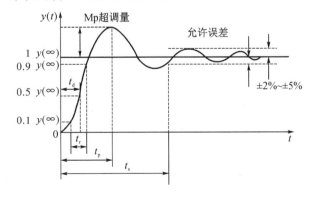

图 6-17 响应动态曲线及动态性能指标

(1) 上升时间 t_r：响应曲线从稳态值的 10％上升到 90％所需的时间,上升时间越短,响应速度越快；

(2) 峰值时间 t_p：输出响应超过稳态值达到第一个峰值所需的时间；

(3) 调整时间 t_s：系统阶跃响应曲线进入规定允许的误差带 Δ 范围,并且不再超出误差带所需的时间,误差带可取 Δ＝±2％或±5％；

(4) 超调量 M_p：指响应的最大偏离量 $h(t_p)$ 与终值之差的百分比,即 $M_p = \dfrac{\mid y(t_p) - y(\infty) \mid}{y(\infty)} \times 100\%$；

(5) 稳态误差 e_{ss}：当时间 $t \to \infty$ 时,系统期望输出与实际输出之差,即 $e_{ss} = \lim\limits_{t \to \infty} e(t)$。

上述性能指标中 t_r, t_p, t_s 反映了系统暂态响应的快速性,其中 t_s 总体反映了系统的快速性,所以一般认为在 t_s 之前为暂态响应,t_s 之后为稳态响应。M_p 反映了系统暂态过程的振荡性,其本质反映了系统的相对稳定性。e_{ss} 反映了系统的稳态精度。

该实验利用 RC 构成一阶系统或用 RLC 构成二阶系统,给系统输入 $f = 100\,\text{Hz}$,幅值为 5 V 的方波,观察系统处于不同状态的响应及时域参数。

三、实验设备和器材

- NI ELVIS Ⅱ＋实验平台　　　1 套
- 计算机　　　　　　　　　　1 台
  （安装有 NI ELVISmx Instrument Launcher 及 NI ELVIS 驱动软件）
- 电阻　　　　　　　　　　　若干
- 电容 $0.01\,\mu\text{F}$　　　　　　　若干
- 电感 $1\,\text{mH}$　　　　　　　　若干

四、实验准备

1. 一阶系统仿真分析

一阶系统电路如图 6-18 所示。

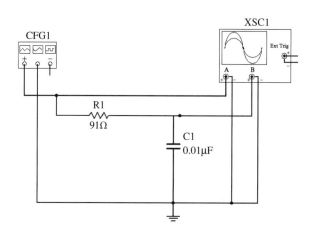

图 6-18　一阶系统电路

采用 NI Multisim 软件搭建图 6-18 所示的系统仿真电路,若在 V_{in} 端输入阶跃信号,在

V_out 端观测阶跃响应波形。选取 XFG1 信号为 1.5 V,100 Hz 的方波信号作为阶跃信号输入。

2. 二阶系统仿真分析

二阶系统电路如图 6-19 所示。

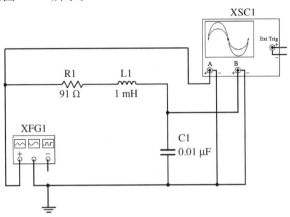

图 6-19 二阶系统电路

采用 NI Multisim 软件搭建图 6-19 所示的系统仿真电路,若在 V_in 端输入阶跃信号,则在 V_out 端观测阶跃响应波形。选取 XFG1 信号为 1.5 V, 100 Hz 的方波信号作为阶跃信号输入。

对系统阶跃响应波形进行测量计算,获得其各项时域性能指标,从仿真波形图中可看出,其超调量、上升时间、最大值时间以及稳态误差的获取均会存在误差。

五、实验内容及步骤

1. 一阶电路的时域性能指标测量

(1) 根据图 6-18 计算该电路的时间常数。

(2) 在 NI ELVIS 原型板上,根据图 6-20 所示搭建一阶电路,其中 $R = 91\ \Omega$, $C = 0.01\ \mu\text{F}$,将端子 1 和 2 分别与原型板的 FGEN、GROUND 端相连,由 NI ELVIS 的虚拟信号发生器(FGEN)为实验电路提供 1.5 V, 100 Hz 的方波信号作为阶跃信号输入。为通过虚拟示波器同时观察输入、输出波形,将端子 1 和 2 分别与原型板上的 BNC1＋和 BNC1－端口相连,端子 3 和 4 分别与原型板上的 BNC1＋和 BNC1－端口相连。此外,为将与 LabVIEW 软件中产生的仿真波形进行对比,还需将端子 1 和 2 分别与原型板上的 AO0＋和 AO0－端相连,端子 3 和 4 分别与原型板上的 AO7＋和 AO7－端相连。

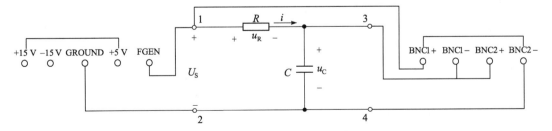

图 6-20 一阶电路时域性能指标测量的实验电路

在 NI ELVIS 原型板上搭建的电路实物图,如图 6-21 所示。

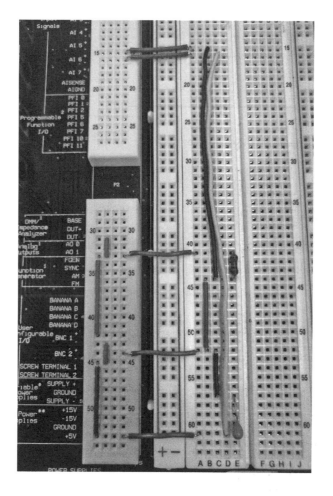

图 6-21　NI ELVIS 原型板上一阶电路搭建实物图

（3）在 LabVIEW 设计软件的波形发生模块中设置"Simulate Signal",选取方波频率 f $= 100\ \text{Hz}$、幅值为 $1.5\ \text{V}$,作为电路的阶跃输入信号。

（4）分别在 LabVIEW 设计面板与 Oscilloscope 中观察电容两端波形并记录,同时对采集波形中的各时域性能指标进行计算并与软件中直接测量值进行对比,分析 LabVIEW 软件设计和运行结果的准确度。

2. 二阶电路的时域性能指标测量

（1）根据图 6-19 计算该电路的时间常数。

（2）在 NI ELVIS 原型板上搭建二阶实验电路,其中 $R = 91\ \Omega$, $C = 0.01\ \mu\text{F}$, $L = 1\ \text{mH}$,输入端子与输出端子的接线方式与上述一阶电路的时域性能指标测量电路相同。

在 NI ELVIS 原型板上搭建好的电路实物图,如图 6-22 所示。

（3）在 LabVIEW 设计软件的波形发生模块中设置"Simulate Signal",选取方波频率 $f = 100\ \text{Hz}$、幅值为 $1.5\ \text{V}$,作为电路的阶跃输入信号。

（4）分别在 LabVIEW 设计面板与 Oscilloscope 中观察电容两端波形并记录,同时对采

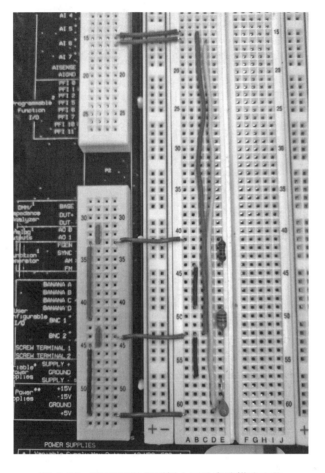

图 6-22 NI ELVIS 原型板上二阶电路搭建实物

集波形中的各时域性能指标进行计算并与软件中直接测量值进行对比,分析 LabVIEW 软件设计和运行结果的准确度。

六、NI ELVIS 实验操作

1. 一阶电路的时域性能指标测量

(1) NI ELVIS 平台接口连线

在原型板上完成所有连线后,在 NI ELVIS 工作台和原型板之间完成以下接口连线:

● 工作台 SCOPE CH0 BNC → 原型板 BNC1

● 工作台 SCOPE CH1 BNC → 原型板 BNC2

(2) 函数发生器设置

单击"开始"→"所有程序"→"National Instruments"→"NI ELVISmx for NI ELVIS & NI myDAQ"→"NI ELVISmx Instrument Launcher",启动虚拟仪器软面板,单击其中的"Function Generator"图标,打开如图 6-23 所示函数发生器软面板。

设置函数发生器的相关参数如下:

① Waveform Settings(波形设置):Square;

② Frequency(频率):100 Hz;

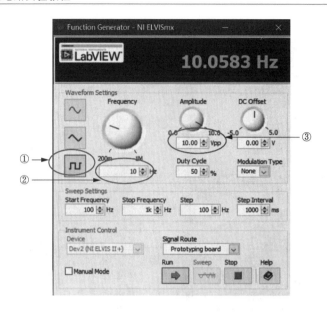

图 6-23　函数发生器软面板

③ Amplitude,峰值:1.5 V_{pp}。

其他参数均为默认参数,无需设置。

完成这些选项的配置后,单击下方绿色箭头"Run"按钮,保持当前状态为输出状态。

(3) 虚拟示波器设置

在虚拟仪器软面板总体启动后,单击其中"Oscilloscope"图标,打开如图 6-24 所示虚拟示波器软面板,根据此设置相关参数。

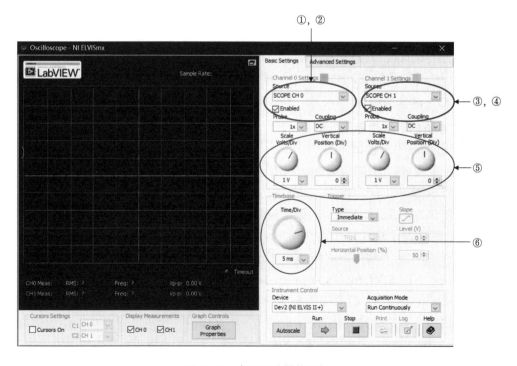

图 6-24　虚拟示波器软面板

① Channal 0 Source(信号源):SCOPE CH0;

② Channal 0 Enabled 复选框:勾选;

③ Channal 1 Source(信号源):SCOPE CH1;

④ Channal 1 Enabled 复选框:勾选;

⑤ Channal 0 /1 Scale VoltsDiv, Vertical Position:适当设置使波形能完全呈现;

⑥ Timebase Time/Div:适当调节使波形能够清晰显示。

其他参数均为默认参数,无需设置。

(4) 虚拟示波器观测波形

完成上述虚拟示波器的参数设置后,点击下方绿色箭头"Run"按钮运行。在示波器软面板上同时观察两个波形,同时对采集波形中的各时域性能指标进行计算,记录波形及数据后单击"Stop"停止按钮,结束本次观测任务。

(5) 在 LabVIEW 设计面板观察电容两端波形并记录,对采集波形中的各时域性能指标进行计算,并与(4)中的直接测量值进行对比,分析 LabVIEW 软件设计和运行结果的准确度。

2. 二阶电路的时域性能指标测量

二阶电路的时域性能指标测量的实验步骤与上述一阶电路的时域性能指标测量的实验步骤相同,故不再赘述。

七、基于 LabVIEW 的软件设计

时域性能指标是分析控制系统性能的重要依据,在了解时域性能指标的基本计算方法后,可以借助 LabVIEW 程序来自动实现这一功能。选择阶跃信号为标准输入信号,采集系统的阶跃响应,从中提取时域性能指标。整个程序可分为"波形发生""信号采集""稳态值提取""超调量计算"和"上升时间计算"五部分。时域性能指标提取软件整体程序框图及程序面板分别如图 6-25(a),(b)所示。

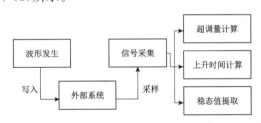

(a) 软件整体程序框图

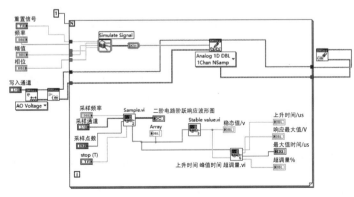

(b) 软件整体程序面板

图 6-25　时域性能指标提取软件整体程序面板

整体线性系统时域性能指标测量程序,请扫描文中相应部分二维码获取。

各部分软件设计分别如下。

(1)波形发生

如图 6-26 所示,通过程序为外部系统提供一个标准输入信号,并将其写入外部电路。本实验中主要讨论的阶跃输入信号可通过"Siginal Processing"→"Wfm Generation"→"Simulate Signal"产生,如图 6-27 所示。设置信号发生器输出波形为方波,利用方波信号替代阶跃信号即可,如图 6-28 所示,并创建信号发生器"重置信号""频率""幅值""相位"输入控件,可实现对方波幅值与频率的调整,方便观察阶跃响应全过程。

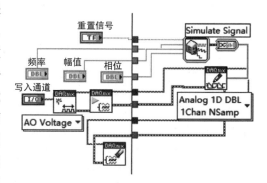

图 6-26 波形发生程序

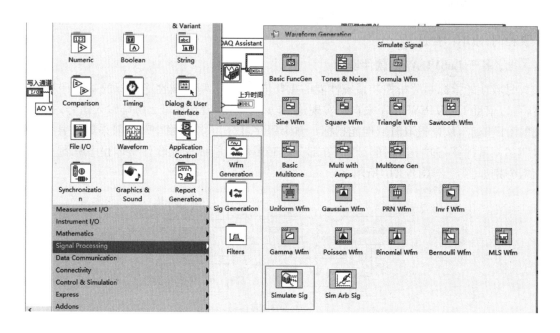

图 6-27 信号发生器控件选取示意

将信号发生器产生的信号通过"Measurement I/O"选板→"NI DAQmx"子选板→"DAQm-Data Acquisition"各控件写入 Elvis 原型板外电路,选取"Creat Channel""Start""Write"及"Clear"控件依次连线即可实现。其中"Write"控件设置方法如图 6-29 所示。

具体程序,请扫描右边二维码获取。

(2)信号采集

运用如图 6-30 所示的信号采集程序来获取系统的阶跃响应波形,只需选择合适的采样通道、采样频率、采样点数即可。需要注意的是系统暂态响应时间非常短,应尽可能选择大的采样频率,以便时域性能指标提取更准确。

波形发生

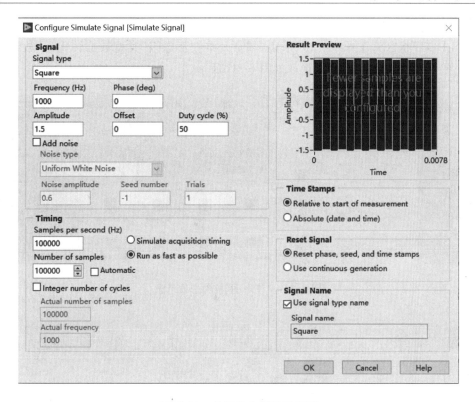

图 6-28　信号发生器设置界面

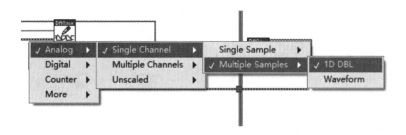

图 6-29　"Write"控件设置方法

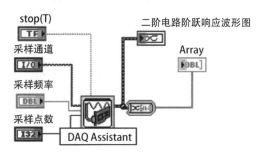

图 6-30　信号采集程序

本实验中信号采集通过 LabVIEW 中"DAQ Assistant"完成,对"DAQ Assistant"创建"Stop""采样通道""采样频率""采样点数"四个输入控件,可完成对采样过程的具体控制。信号采集的输出一方面通过在前面板选择"Graph"→"Waveform Graph"对系统阶跃响应进行显示,便于直接观察,如图 6-31 所示,另一方面则通过"Express"→"Signal Manipulation"→"From DDT"将"DAQ Assistant"采集到的"一维波形数组"类型数据转化为"数组"进行储存,方便后续数据处理,其控件选取如图 6-32 所示。

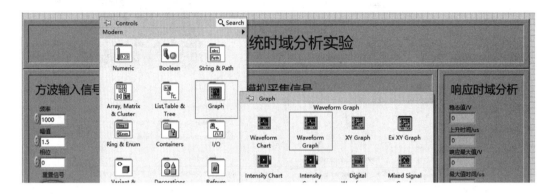

图 6-31 "波形图"控件选取示意

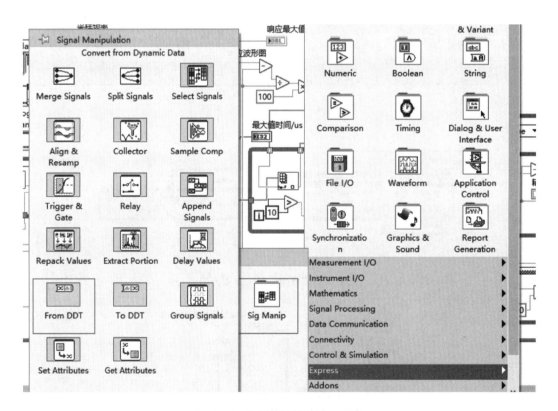

图 6-32 数据转换控件选取示意

具体程序,请扫描右边二维码获取。

(3)稳态值提取

图 6-33 所示为稳态值的提取程序。将采集到的数据点平均分为几组,每组内用后一个数据减前一个数据求差,若所有的差值绝对值均小于设定精度,则判定此组对应的波形段达到稳态。

信号采集

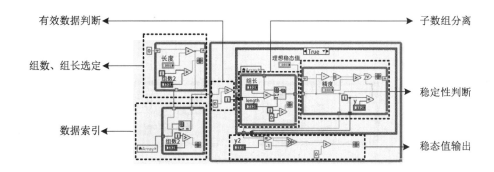

有效数据判断

子数组分离

组数、组长选定

稳定性判断

数据索引

稳态值输出

图 6-33　稳态值提取程序

程序中选用方波作为阶跃信号,因此可能出现一个正稳态值和一个负稳态值,在这里使用条件结构滤去了所有负值,最终将得到正半波稳态值。

程序中对波形的分组数量和每组数据长度和稳态精度可根据采样数量、信号频率、暂态时间自由选择,要求至少平均分为三组。一旦有一组数据满足精度条件,即选取该组内最后一个数作为阶跃响应稳态值并跳出循环,若不满足稳定条件,输出"-1"表示系统无法稳定。

稳态值计算

具体程序扫描右边二维码获取。

(4)超调量计算

图 6-34 中运用"LabVIEW"中的"Array Max & Min Function"vi 可直接得到该数组中的最大值,即为整个响应波形中的最大值。按公式计算可得超调量,还可以得到最大值对应的数值序号,用所得序号减去 0.1 倍稳态值对应的数值序号,其差值转化为时间即为最大值出现时间,也就是峰值时间 T_p。

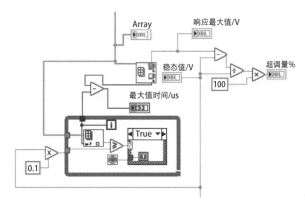

图 6-34　超调量计算程序

具体程序可扫描右边二维码获取。

(5)上升时间计算

如图 6-35 所示,上升时间计算与峰值时间计算思路相同,用 0.9 倍稳态值的数值序号减去 0.1 倍稳态值对应的序号,将差值转化为时间,即可得到该响应的上升时间 T_r,具体程序参见超调量计算部分内容。

任意阶系统时域分析程序前面板设计如图 6-36 所示,相应程序,请扫描右边二维码获取。

超调量、峰值时间、
上升时间计算

任意阶系统
时域分析

八、实验思考及拓展

推导典型一阶、二阶系统各项时域性能指标的计算公式。

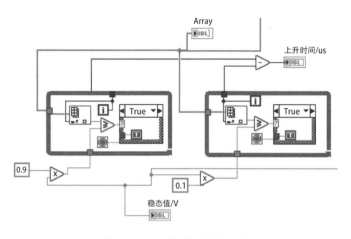

图 6-35　上升时间计算程序

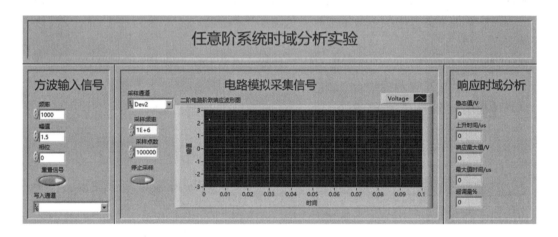

图 6-36　时域性能指标提取程序前面板

6.4　线性系统串联超前校正设计

一、实验目的

● 掌握运用时域指标分析评价闭环系统性能。

● 掌握简单系统数学建模与分析方法。

● 掌握串联超前校正设计流程与方法。

● 熟练运用 LabVIEW 软件对系统时域性能指标进行提取。

二、实验设计要求

已知闭环控制系统如图 6-37 所示,其中四个运算放大器分别为 U1,U2,U3,U4,系统中各元件参数分别为:$R_0 = R_1 = R_2 = R_5 = R_6 = R_7 = 200 \text{ k}\Omega$,$R_3 = 100 \text{ k}\Omega$,$R_4 = 510 \text{ k}\Omega$,$C_1 = C_2 = 1 \mu\text{F}$。若要求该系统的预期时域性能指标为:①超调量 $M_p \leqslant 5\%$;②调节时间 $t_s \leqslant 1 \text{ s}$;③系统斜坡响应稳态误差 $e_{ss} \leqslant 5\%$;则对系统进行时域性能指标分析并设

计校正网络。

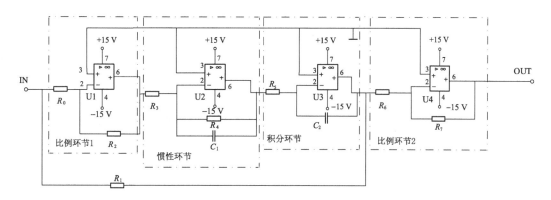

图 6-37　闭环控制系统原理图

三、实验设计原理

利用仿真软件 Multisim 对给定系统电路进行仿真并测试其性能指标,若输出响应未达到预期性能,则需按步骤对原闭环控制系统完成数学建模、参数计算、校正网络设计、电路元件选取等工作。基于此将设计完毕的校正网络加入原控制系统再次进行仿真,并观测输出响应曲线,若能达到预期性能则表明校正网络设计成功,否则按照步骤再次对校正网络进行优化设计直至满足要求。当仿真电路符合要求时,再进一步利用 NI ELVIS Ⅱ 平台搭建校正前后实际电路,并利用 ELVISmx 中示波器观测其阶跃响应曲线,验证校正网络是否达到了预期目标。

由于对示波器进行人工读图存在一定的误差和不便性,本实验利用之前设计的 LabVIEW 软件对响应波形中时域性能指标进行提取,减小了实验误差并节省了大量时间。

四、实验设备和器材

- NI ELVIS Ⅱ＋实验平台　　1 套
- 计算机　　　　　　　　　1 台

　　(安装有 NI ELVISmx Instrument Launcher 及 NI ELVIS 驱动软件)

- 电阻　　　　　　　　　若干
- 电容　　　　　　　　　若干
- OP07 运算放大器　　　　5 个

五、实验准备

本部分内容主要完成电路仿真工作。

1. 给定系统性能测试

采用 Multisim 软件搭建如图 6-37 所示的系统仿真电路,若在"IN"端输入阶跃信号,则在"OUT"端观测到如图 6-38 所示阶跃响应波形。

在 Multisim 中搭建校正前的系统模型,观察输出相应波形并截图,计算求得该系统阶跃响应中各时域指标值:①超调量 $M_p = \dfrac{|\, y(t_p) - y(\infty)\,|}{y(\infty)} \times 100\%$;②上升时间 t_r;③峰值时间 t_p;④调节时间 t_s。

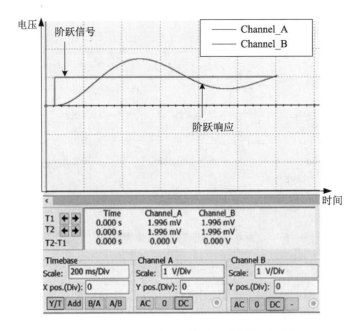

图 6-38 原闭环控制系统阶跃响应仿真波形

若上述时域指标未能达到预期要求,需要对该系统进行校正。

2. 系统校正环节设计

第一步,先对未校正闭环控制系统进行数学建模。通过分析图 6-39 系统中 4 个不同环节的的传递函数,从而得到整个闭环控制系统的传递函数。

(1) 比例环节 1,2(含运算放大器 U1,U4):令 $-\dfrac{R_2}{R_0}=K_1$,$-\dfrac{R_7}{R_6}=K_3$,可得 U1 $=K_1 U_0=-U_0$,U$_4=K_3$U3$=-$U3。

(2) 惯性环节(含运算放大器 U2):令 $-\dfrac{R_4}{R_3}=K_2$ $C_1 R_4=T_1$,可得 U2 $=\dfrac{K_2}{T_1 s+1}$U1。

(3) 积分环节(含运算放大器 U3):令 $C_2 R_5=T_2$,可得 U3 $=-\dfrac{1}{T_2 s}$U2。

综合上述各环节,最终可得未校正闭环控制系统的结构如图 6-39 所示,相应的开环、闭环传递函数则分别见式(6-1)、式(6-2)。

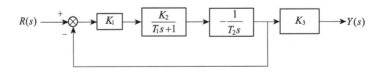

图 6-39 未校正闭环控制系统结构图

开环传递函数为

$$L_0(s)=\frac{-K_1 K_2 K_3}{(T_1 s+1)\times T_2 s} \tag{6-1}$$

闭环传递函数为

$$T_0(s) = \frac{Y(s)}{R(s)} = \frac{-K_1 K_2 K_3}{T_1 T_2 s^2 + T_2 s - K_1 K_2} \tag{6-2}$$

典型二阶闭环反馈控制系统传递函数为

$$Y(s) = \frac{\omega_n^2}{s^2 + 2\xi\omega_n s + \omega_n^2} R(s) \tag{6-3}$$

对比式(6-2)与式(6-3)可得未校正系统的阻尼比 ξ，固有频率 ω_n。

第二步，对校正网络进行设计。本系统采用串联超前校正网络为现有系统提供附加的超前相角，进而改进系统的各项时域性能指标。选取的超前校正网络电路，如图 6-40 所示。

该超前校正网络传递函数为

$$G_c(s) = K_c \frac{\tau s + 1}{T s + 1} \tag{6-4}$$

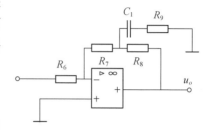

图 6-40　超前校正网络电路

其中

$$K_c = -\frac{R_7 + R_8}{R_6}, \ \tau = \left(\frac{R_7 R_8}{R_7 + R_8} + R_9\right) C_1, \ T = R_9 C_1 \tag{6-5}$$

将图 6-40 超前校正网络串联至图 6-37 系统中，可得如图 6-41 所示校正后系统原理图。

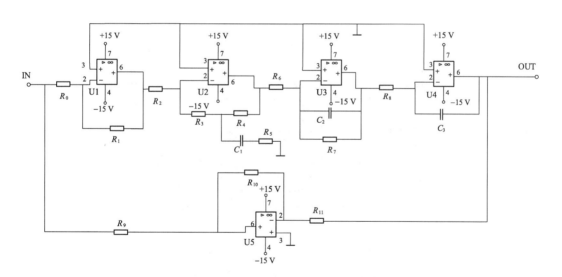

图 6-41　校正后闭环控制系统原理图

相应地，校正后闭环控制系统的开环传递函数为

$$L(s) = L_0(s) G_c(s) \tag{6-6}$$

可按照预期时域性能指标，分别对超前校正网络中各个参数进行计算与选择。具体过程如下。

● 根据系统斜坡响应稳态误差的要求,可得系统速度误差常数 $K_v = \dfrac{A}{e_{ss}}$,取 $|K_c|$,求得校正后系统开环增益为 $K = -K_c K_1 K_2 K_3$。为使校正后系统为最优二阶系统,可取 $\tau = T_1$;由此而得 $T = \dfrac{1}{2K}$。代入上述参数后得超前校正网络传递函数为 $G_c(s) = K_c \dfrac{\tau s + 1}{Ts + 1}$。

● 根据上述公式可选取图 6-38 中各元件参数:

取 $C_1 = 10\,\mu\text{F}$,则 $R_5 = \dfrac{T}{C_1} = \dfrac{0.025}{10^{-5}} = 2.5\,\text{k}\Omega$;

取 $R_3 = R_4 = R$,则 $R = \left(\dfrac{\tau}{C_1} - R_3\right) \times 2 = \left(\dfrac{0.5}{10^{-5}} - 2\,500\right) \times 2 \approx 100\,\text{k}\Omega$;

$K_c = -\dfrac{R_3 + R_4}{R_2} = -0.8$,则 $R_2 = 250\,\text{k}\Omega$。

至此超前校正网络各参数均选择完毕。

第三步,再基于 Multisim 仿真软件搭建如图 6-41 所示的校正后闭环控制系统仿真电路。若在"IN"端输入阶跃信号,在"OUT"输出端观察阶跃响应波形如图 6-42 所示。

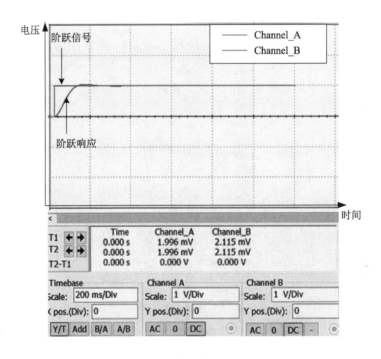

图 6-42　校正后闭环控制系统阶跃响应仿真波形

在 Multisim 中搭建校正后的系统模型,观察输出相应波形并截图,计算校正后系统阶跃响应中各时域性能指标值是否达到预期目标。

六、实验内容及步骤

1. 未校正闭环控制系统实际电路搭建与测试

根据图 6-37 系统原理图在 NI ELVIS 原型板上搭建实际电路,将电路的输入端子"IN"与原型板上的 SUPPLY＋端相连,通过原型板上 SUPPLY＋端子为电路输入阶跃信号,

SUPPLY—端连接至原型板上的 GROUND 端。运算放大器 OP07 的引脚 7,引脚 4 分别与原型板的＋15 V,—15 V 端相连,由 NI ELVIS 的＋15 V,—15 V 直流电源为其供电;引脚 3 与原型板上的 GROUND 端相连接地。为通过虚拟示波器来分别观测输入、输出信号的波形,还需将原型板上的 SUPPLY＋、SUPPLY—(即图中输入端子 IN 两端)和运算放大器 U4 的引脚 6、引脚 3(即图中输出端子 OUT 两端)分别与原型板的 BNC1＋、BNC1— 和 BNC2＋、BNC2—端相连。在原型板上搭建好的电路实物图,如图 6-43 所示。

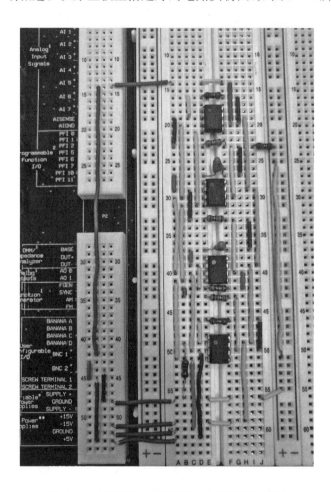

图 6-43　原型板上未校正系统电路搭建实物图

　　按上述步骤完成电路搭建和线路连接后,观测输入、输出响应波形,并计算各项时域性能指标,与 Multisim 仿真结果进行对比。

2. 校正闭环控制系统实际电路搭建与测试

　　在图 6-37 所示电路中,加入超前校正网络后的实际电路,如图 6-41 所示。采用与上述相同的连线方式将阶跃输入信号和显示输出信号分别连至原型板上相应信号端,搭建好的电路如图 6-44 所示。完成电路搭建和线路连接后,在示波器软面板观测校正后系统的输入、输出响应波形,计算校正后系统各项时域性能指标,与仿真结果进行对比,并说明该超前校正网络是否达到了预期的校正效果并分析原因。

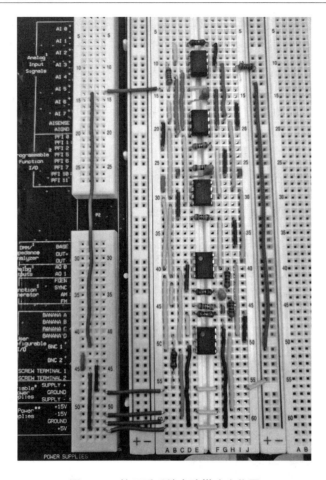

图 6-44　校正后系统电路搭建实物图

七、NI ELVIS 实验操作

1. 未校正闭环控制系统实际电路搭建与测试

（1）NI ELVIS 平台接口连线

在原型板上完成上述图 6-37 所示所有连线后，在 ELVIS 工作台和原型板之间完成以下接口连线：

- 工作台 SCOPECH0 BNC→原型板 BNC1
- 工作台 SCOPECH1 BNC→原型板 BNC2

（2）可变电源设置

单击"开始"→"所有程序"→"National Instruments"→"NI ELVISmx for NI ELVIS & NI myDAQ"→"NI ELVISmx Instrument Launcher"，启动虚拟仪器软面板。单击其中的"Variable Power Supplies"图标，打开如图 6-45 所示可变电源软面板。

设置可变电源的相关参数：

① Supply+（正向电压输出模式）：自动（不勾选"Manual"选项）。

② Voltage（电压幅值）：1 V。

完成这些选项的配置后，单击下方绿色箭头"Run"按钮，保持可变电源为输出状态。

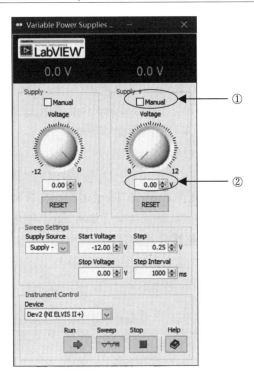

图 6-45　可变电源软面板

（3）虚拟示波器设置

在虚拟仪器总体软面板启动后,点击其中"Oscilloscope"图标,打开示波器软面板,如图 6-46 所示,根据此设置其相关参数。

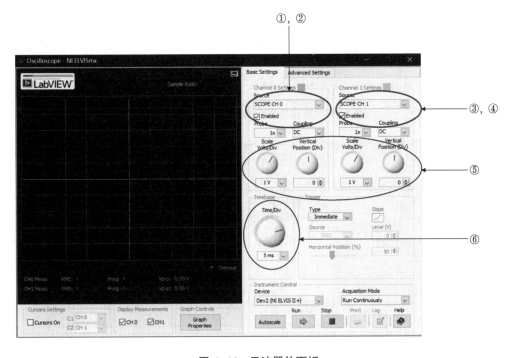

图 6-46　示波器软面板

① Channal 0 Source(信号源):SCOPE CH0;

② Channal 0 Enabled 复选框:勾选;

③ Channal 1 Source(信号源):SCOPE CH1;

④ Channal 1 Enabled 复选框:勾选;

⑤ Channal 0 /1 Scale VoltsDiv, Vertical Position:适当设置使波形能完全呈现;

⑥ Timebase Time/Div:适当调节使波形能够清晰显示。

其他参数均为默认参数,无需设置。

(4)虚拟示波器观测波形

完成上述虚拟示波器的参数设置后,点击"Run"运行。在"Oscilloscope"软面板上同时观察两个波形,并计算各项时域性能指标,记录数据后单击"Stop"停止按钮,结束本次观测任务。

2. 校正闭环控制系统实际电路搭建与测试

校正闭环控制系统实际电路搭建与测试的实验步骤与上述未校正闭环控制系统实际电路搭建与测试的实验步骤相同,故不再赘述。

八、基于 LabVIEW 的软件设计

主要对系统校正前后输出波形进行自动显示与测量,可观察到的结果分别如图 6-47、图 6-48 所示。

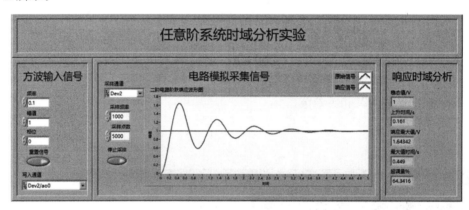

图 6-47　未校正系统输出显示与测量结果

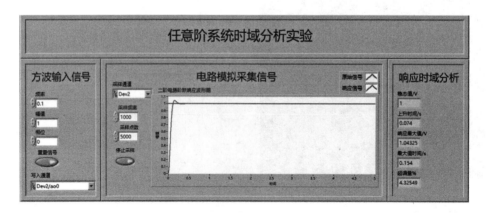

图 6-48　校正后系统输出显示与测量结果

从图 6-47、图 6-48 输出结果可知,基于所设计软件的输出结果与上述仿真、实验结果基本一致,验证了软件功能的有效性。同时,所设计软件在实现预期显示与测量功能的同时,由于省去了人工计算过程,使测量过程更便捷,测量结果更精确。

校正后线性系统的时域性能指标提取程序设计方法与上述 6.3 中相同,请扫描 6.3 节二维码获取。

九、实验思考与拓展

自学串联滞后校正网络原理,并简述串联超前校正与串联滞后校正在完成系统校正有什么不同?

6.5　直流电机 PID 转速控制

一、实验目的

- 掌握直流电机的调速方法。
- 理解 PID 算法中各个参数对系统性能指标的影响。

二、实验原理

PID 转速控制基本原理如下。

PID 调节即比例、积分、微分控制,这种调节器是将设定值与输出值进行比较,通过比较得到的偏差值来进行比例、积分和微分的控制。它不仅用途广泛、使用灵活,而且使用中只需设定三个参数 K_p、T_i、T_d。一般地,PID 调节的控制规律为

$$u(t) = K_p \left[e(t) + \frac{1}{T_i \int\limits_0^t e(t)\,\mathrm{d}t} + T_d \frac{\mathrm{d}e(t)}{\mathrm{d}t} \right], \tag{6-7}$$

式中,K_p 为放大系数;T_i 为积分时间常数;T_d 为微分时间常数。对式(6-7)进行拉普拉斯变换,可知 PID 调节器传递函数为

$$D(s) = \frac{u(s)}{e(s)} = K_p \left(1 + \frac{1}{T_i s} + T_d s \right) \tag{6-8}$$

PID 调节器各校正环节的作用:

(1) 比例环节:即时成比例地反映控制系统的偏差信号 $e(t)$,偏差一旦产生,调节器立即产生控制作用以减少偏差;

(2) 积分环节:主要用于消除静差,提高系统的无差度。积分作用的强弱取决于积分时间常数 T_i,T_i 越大,积分作用越弱,反之则越强;

(3) 微分环节:能反映偏差信号的变化趋势(变化速率),并能在偏差信号的值变得太大之前,在系统中引入一个有效的早期修正信号,从而加快系统的动作速度,减少调节时间。

如图 6-49 所示是一个小功率直流电机的调速原理图。给定速度 $n_0(t)$ 与实际转速 $n(t)$ 进行比较,其差值 $e(t) = n_0(t) - n(t)$ 经过 PID 控制器调整后输出电控制信号 $u(t)$,

$u(t)$ 驱动直流电动机改变其转速,即调压调速。

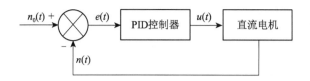

图 6-49　直流电机调速原理图

综上可得 PID 控制的直流调速系统控制结构如图 6-50 所示。

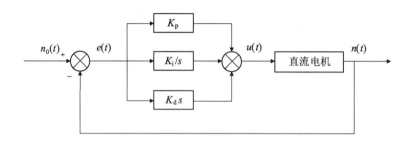

图 6-50　PID 直流调速系统控制结构

根据式(6-8)可知,$K_i = \dfrac{K_p}{T_i}$,$K_d = K_p T_d$,通过确定相应的 K_p,K_i,K_d 参数即可对被控对象进行 PID 控制。

由于计算机控制采用离散的数字采样与控制方式,故控制过程中只能根据当前时刻的采样值来计算相应的控制量。假设采样周期为 T,则根据式(6-7)可得第 i 时刻 PID 控制器的输出信号采样值为

$$u_i = K_p \left[e_i + \frac{T}{T_i} \sum_{j=0}^{i} e_j + \frac{T_d}{T} (e_i - e_{i-1}) \right] \tag{6-9}$$

若系统采样该时刻及之前每一时刻的转速,可得出相应的转速偏差,再据此调节直流电机的电压从而调节转速。由式(6-9)可得任意两相邻时刻 PID 控制器的输出增量为

$$\Delta u = u_i - u_{i-1} = K_p \left[e_i - e_{i-1} + \frac{T}{T_i} e_i + \frac{T_d}{T} (e_i - 2e_{i-1} + e_{i-2}) \right] \tag{6-10}$$

显然,由于计算机只输出电压增量,故其误动作影响小。同时在 i 时刻的输出 u_i 只需用到此时刻的偏差 e_i 以及前两个相邻时刻的偏差 e_{i-1}、e_{i-2},控制量冲击小,能够较平滑地调节转速。

三、实验设备和器材

● NI ELVIS Ⅱ＋实验平台　　　1 套
● 计算机　　　　　　　　　　1 台
　（安装有 NI ELVISmx Instrument Launcher 及 NI ELVIS 驱动软件）
● 测速传感器　　　　　　　　1 个
● 直流电机　　　　　　　　　1 个

四、实验内容及步骤

完成以下实验电路搭建,利用 LabVIEW 前面板,根据期望输出控制电机转速。

(1) 在 NI ELVIS 原型板上搭建实际电路。直流电机选用 GA12-N20 型号的微型直流齿轮低速电机,其额定电压为 12 V,额定转速为 1 000 r/min。将电机的正极与 NI ELVIS 原型板上的 SUPPLY＋端相连,电机的负极连接至原型板上的 GROUND 端接地,利用可调电压为电机供电。转速传感器的 V_{cc} 端连接至原型板＋5 V 端,利用原型板＋5 V 电压源为其供电;转速传感器的 GND 端与原型板 GROUND 端相连;转速传感器的 DO 端连接至原型板左上方的 AI6＋接口,通过 AI6 接口将传感器的输出脉冲输入到 LabVIEW 软件的 DAQ 助手中,进行脉冲采集;原型板上 AI6－端与 GROUND 端相连接地。若观察到转速传感器红、绿灯亮起,说明该模块成功通电。根据上述步骤搭建好的实际电路如图 6-51 所示。

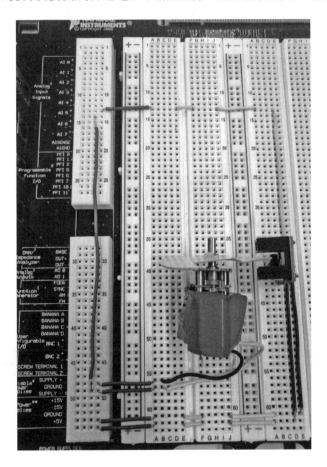

图 6-51 NI ELVIS 原型板上搭建的实际电路

(2) 将一不透光物体放入转速传感器的凹槽中,若观察到绿灯熄灭,则该模块可正常使用,随后将一带有小孔的不透光圆盘套在电机转轴上,光束每穿过一次小孔进行一次计数,实时采集脉冲波形并计算转速。

(3) 打开 LabVIEW 程序的前面板,如图 6-52 所示。

(4) 设定输出电压范围(按照马达实际情况设定,此处设置为 0～6 V)、给定值及 PID

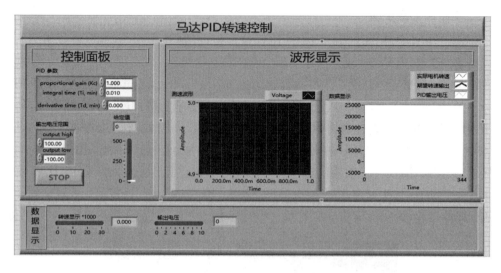

图 6-52　PID 直流调速程序前面板

参数（$K_c = 0.003$，$T_i = 0.001$，$T_d = 0.02$）后，将圆盘置于速度传感器的光耦槽之间，点击 LabVIEW 程序上方的运行按钮"⊕⊗ ⏸ II"，电机起动，带动圆盘旋转，观察到绿灯闪烁时，表明该装置可正常运行。

（5）将给定值调至 100，令电机正常启动，待输出电压达到最大值并保持稳定后，再将给定值调节至期望转速，观察输出电压及电机转速的变化，记录电机转速达到稳定的时间、PID 输出电压达到的最大值，计算稳定时间及超调量。

（6）多次改变 PID 参数，记录电机转速达到稳定的时间、PID 输出电压达到的最大值，计算稳定时间及超调量，总结出 PID 参数对稳定及超调量的影响规律。

五、基于 LabVIEW 的软件设计

1. 电机转速测量

直流电机的测速程序如图 6-53 所示，主要分为以下两部分：

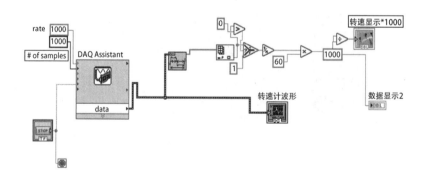

图 6-53　直流电机测速程序

（1）实时采集反映转速的脉冲信号：通过"DAQ 助手"采集转速传感器输出的脉冲波形并让其显示于前面板。

（2）电机转速的计算：通过采样周期的换算将脉冲信号转换为转速，并在前面板中实时显示转速的计算结果。

2. 电机转速 PID 控制

期望输出的转速值及 PID 参数可在前面板的"控制面板"模块进行设置,输出电压范围决定了经 PID 调节后电压的上下限。给定值及 PID 参数输入到 PID 调节器中,调节后的电压通过 NI ELVISmx 送入到原型板的"Variable Power Supplies"端,给电机供电实现电机的转速调节。PID 参数的确定方法有归一参数法、扩充相应曲线法、试凑法等,该实验中选用试凑法,即依次确定 P,I,D 三个参数,使曲线较为平稳。PID 控制的程序如图 6-54 所示。

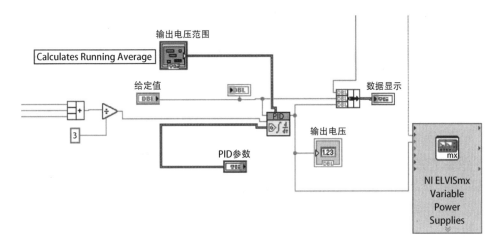

图 6-54　PID 调节程序

直流电机测速具体程序,请扫描右边二维码获取。

六、实验思考与拓展

PID 调节过程中比例、积分、微分环节的作用分别是什么?

直流电机
PID 转速控制

6.6　防盗自动警报设计

一、实验目的

● 依据实际需求设计并实现电路。

● 熟练运用 LabVIEW 软件对实际电路状态进行显示。

二、实验设计要求

为家庭设计一个防盗自动警报系统,该系统具备三个入口传感器和一个窗户传感器。如果警报系统处于激活状态,则当某个传感器检测到门或者窗户被打开时,就立刻拉响警报,同时,前端面板上的信号显示哪一扇门或窗户被打开并拉响警报。

三、实验设计原理

该警报系统采用开关器件模拟门或窗户的传感器,通过分压原理对警报位置进行定位。假定整个报警系统需对 4 扇门或窗进行监控,系统原理如图 6-55 所示。

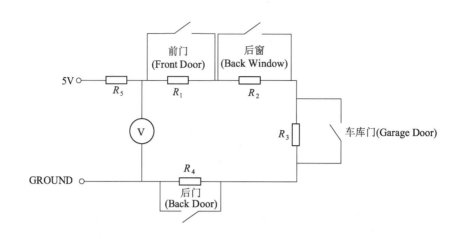

图 6-55　防盗自动警报系统原理图

各开关即为每扇门窗的监测传感器，R_1 至 R_4 为每扇门窗设置的寻址电阻。当警报系统处于工作状态时，门窗打开则对应传感器开关闭合，将寻址电阻短路。R_5 为警报系统限流电阻，它在所有开关都闭合时限制电路中的电流。

该电路中供电电源为 $+5\text{ V}$，R_1 至 R_4 阻值分别为 $1\text{ k}\Omega$，$2\text{ k}\Omega$，$4\text{ k}\Omega$，$8\text{ k}\Omega$，R_5 电阻大小取所有寻址电阻值之和的一半，即 $7.5\text{ k}\Omega$。根据不同传感器开关状态下电路分压情况，计算出上图中电压表的理论读数，并填入表 6-2，表中"1"代表对应门窗为打开状态，"0"代表对应门窗为关闭状态。

表 6-2　警报系统各报警状态下测量端理论电压

前门	后窗	车库门	后门	电压表理论读数（V）
0	0	0	0	0.00
1	0	0	0	
0	1	0	0	
0	0	1	0	
0	0	0	1	
1	1	1	1	3.33

在打开任一扇门窗（闭合任一开关）时，将对应一个唯一的电压表读数，与上表的理论读数相对照，即可指示哪一扇门或者窗户被打开。

为了增强警报系统的实用性与可视化程度，可在利用 NI ELVIS Ⅱ＋平台搭建警报系统实际电路的基础上，结合 LabVIEW 软件设计警报定位与显示，以更简洁的方式查看系统保护对象的警报情况。

四、实验设备和器材

- NI ELVIS Ⅱ＋实验平台　　　1 套
- 计算机　　　　　　　　　　　1 台
  （安装有 NI ELVISmx Instrument Launcher 及 NI ELVIS 驱动软件）
- 电阻　　　　　　　　　　　　若干
- 跳线器或按钮开关　　　　　　若干

五、实验准备

1. 在 Multisim 软件中绘制警报系统原理图

（1）＋5 V 供电电源和接地：依次选择"Place"→"Component"→"Sources"→"POWER SOURCES"→ "VCC"和"GROUND"，设置 VCC 为＋5 V。

（2）电阻：依次选择"Place"→"Component"→"Basic"→"RESISTOR"，电阻分别设为 1 kΩ，2 kΩ，4 kΩ，7.5 kΩ，8 kΩ。右键单击元件，选择"Rotate 90°clockwise"，可实现元件旋转。

（3）万用表：在主窗口右边的虚拟仪器工具栏，单击万用表"Multimeter"的图标。

（4）开关：依次选择"Place"→"Component"→"Basic"→"3D_VIRTUAL"→"Switch1"。

（5）连线：按图 6-56 连线。

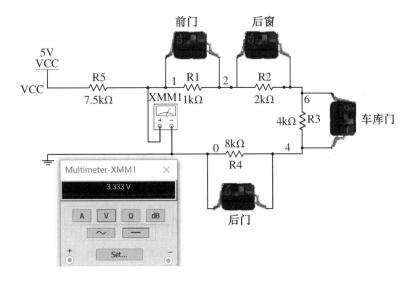

图 6-56　Multisim 仿真电路原理图

2. 仿真电路测试

完成上述电路搭建后，按照表 6-2 中各传感器开关状态对仿真电路进行测试。单击"Run"开始电路运行，用鼠标每次打开（"1"）并关闭（"0"）一个开关，观察电路的操作情况及万用表示数，填入表 6-3 中。

对比表 6-2 与表 6-3 的电压理论、仿真结果，验证电路原理的正确性。

表 6-3　警报系统各报警状态下测量端仿真电压

前门	后窗	车库门	后门	XMM1-Voltage(V)
0	0	0	0	0.00
1	0	0	0	
0	1	0	0	
0	0	1	0	
0	0	0	1	
1	1	1	1	3.33

六、实验内容及步骤

在上述仿真、设计与分析的基础上,对实际传感器电路进行实际电路搭建,通过 NI ELVISmx Instrument Launcher 中虚拟仪器对测量端电压进行监测。

根据图 6-57 所示接线原理图在 NI ELVIS 原型板上搭建实际电路,其中 $R_1 = 1\ \text{k}\Omega$, $R_2 = 2\ \text{k}\Omega$, $R_3 = 4\ \text{k}\Omega$, $R_4 = 8\ \text{k}\Omega$, $R_5 = 7.5\ \text{k}\Omega$。将端子 1 和 2 分别与原型板的 +5 V 和 GROUND 端相连,由 NI ELVIS 的 +5 V 电压源为实验电路供电;端子 3 和 4 分别与原型板的 BANANA A 和 BANANA B 端相连,用虚拟数字万用表来测量测试端的电压大小。搭建好的电路实物如图 6-58 所示,在实际操作过程中,可将导线接入对应电阻的两端,来模拟门窗开关时传感器的开断,将相应的电压测量数据记录在表 6-4 中。

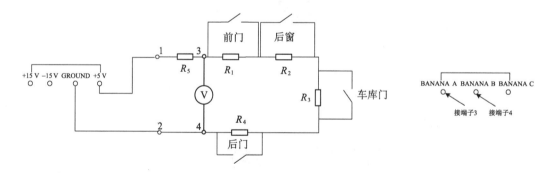

图 6-57　防盗自动警报系统传感器电路接线图

表 6-4　警报系统各报警状态下测量端实际电压

前门	后窗	车库门	后门	DMM-Voltage
0	0	0	0	0.00
1	0	0	0	
0	1	0	0	
0	0	1	0	
0	0	0	1	
1	1	1	1	

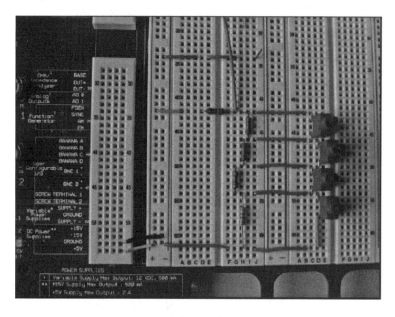

图 6-58　防盗自动警报系统实际传感器电路图

依据上表中的不同开关状态下的电压将电路所处状态分区,用以对警报系统做出判断并定位开关情况。

七、NI ELVIS 实验操作

(1) NI ELVIS 平台接口连线

在原型板上完成上述所有连线后,在 NI ELVIS 工作台和原型板之间完成以下接口连线:

- 工作台 DMM VΩ→原型板 BANANA A
- 工作台 DMM COM→原型板 BANANA B

(2) 单击"开始"→"所有程序"→"National Instruments"→"NI ELVISmx for NI ELVIS & NI myDAQ"→"NI ELVISmx Instrument Launcher",启动虚拟仪器总体软面板后,单击其中的"Digital Multimeter"图标,打开如图 6-59 所示数字万用表软面板。

(3) 根据图 6-59 所示设置数字万用表直流电压测量功能的相关参数:

Measument Settings(测量设置):" V ⁻ "(直流电压)。

完成选择后,单击下方绿色箭头"Run"按钮,保持当前状态为测量状态。测量完成后,单击"Stop"停止按钮。

八、基于 LabVIEW 的软件设计

警报系统显示程序如图 6-60 所示,其主要设计思路如下:

采用"DAQ 助手"对实际电路测量点电压采集多个样本(程序中以 1 000 S/s 的速率连续读取 100 个电压值)。从数据簇(蓝/白线)中选择电压数组。Mean. vi 将计算这组读数的平均值,可减小电路抖动带来的影响,并将其传送至电压触发阶梯中。一旦电压落入两个限制值之间(橘色方框),相应的状态就将显示在前端面板上。限制值选为两个相邻触发电平

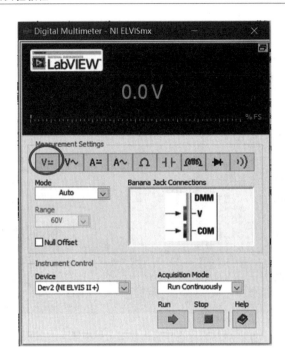

图 6-59　数字万用表软面板——直流电压测量

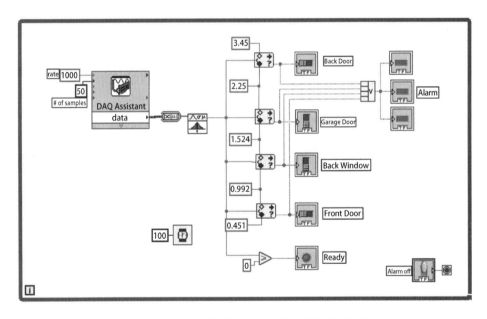

图 6-60　防盗自动警报系统 LabVIEW 程序框图

的中间值。当任一扇门或窗户被打开时,4 输入的 OR 函数将触发警报。

设计程序框图同时对程序前面板进行设计,如图 6-61 所示。

单击"Run",运行该程序。如果 NI ELVIS Ⅱ 连接好了并处于"ON"状态,而且原型板具有电源供电,则原型板上的动作将会显示在 LabVIEW 的前端面板上。每一个开关都映射到一个特定的窗户或门上。如果某个窗户或门为打开状态,则入口端口将显示为黑色。

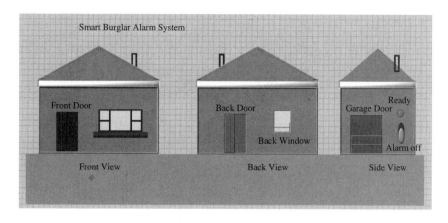

图 6-61　防盗自动警报系统 LabVIEW 程序显示前面板

任何打开的门或窗户都将通过屋檐(eave)槽触发红色警报。要终止程序,单击"Alarm Off"前端面板的滑动开关即可。

防盗自动警报系统具体程序,请扫描右边二维码获取。

九、实验思考与拓展

该设计只能检测到第一个被打开的门或窗户,如果在限制阶梯中增加几个梯级,将可以检测多个打开或关闭状态。试根据此思路自行对程序进行改进。

防盗自动
警报系统

附　　录

1. 电阻、电感和电容

1.1　电阻

1.1.1　电阻分类

根据结构的不同,电阻可以分为实心电阻、薄膜电阻和绕线电阻等普通电阻,以及阻值随温度、湿度和光强等变化的特殊电阻,有关特殊电阻的详细资料可参考相关专业书籍,本书不作详细介绍。

1) 实心电阻(RS)

该类电阻的优点是可靠性高、过载能力强、体积小、价格便宜,缺点是稳定性较差、噪声大。

2) 薄膜电阻

薄膜电阻是在绝缘体上喷镀导电膜,再喷保护漆制成的,其阻值的大小可通过镀膜的厚度来控制。根据镀膜材料的不同薄膜电阻又分为如下几种:

(1) 碳膜电阻(RT):具有成本低、噪声小等优点,但此类电阻的误差较大、温度系数较低;

(2) 金属膜电阻(RJ):该类电阻具有精度高、噪声小、温度系数小和功率容量大等优点,相同功率下,其体积一般小于碳膜电阻,但价格高于碳膜电阻;

(3) 氧化膜电阻(RY):该类电阻在高温下的化学性质稳定,电阻值一般较低。

3) 绕线电阻(RX)

这种电阻器的优点是耐高温、功率容量大,缺点是自感较大、高频特性差。

1.1.2　电阻元件的主要技术指标

(1) 额定功率:在一定条件下连续工作所允许消耗的最大功率。选择电阻器的额定功率时,一般应留有一定的容量,通常是计算值的 $1.5 \sim 2$ 倍以上。其表示方法如附图 1 所示。

(2) 标称值:国家标准是按一定规律生产某些阻值的电阻,这些数值是不连续的,这组系列值又称为标称值。常用电阻的标称值应为表中所列数值之一再乘以 10^n(n 为正、负整数),见附表 1。

E_{48}/E_{192} 标称值系列,属高精密电阻器,允许误差分别为 $\pm 2\%$ 和 $\pm 0.5\%$。

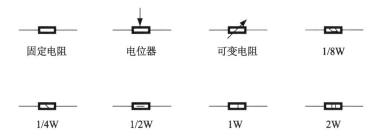

附图 1　电阻符号及功率大小标记

附表 1　$E_{24}/E_{12}/E_6$ 标称值系列

系列代号	E_{24}	E_{12}	E_6
允许误差	$\pm 5\%$	$\pm 10\%$	$\pm 20\%$
标称值	1.0, 1.1, 1.2, 1.3 1.5, 1.6, 1.8, 2.0 2.2, 2.4, 2.7, 3.0 3.3, 3.6, 3.9, 4.3 4.7, 5.1, 5.6, 6.2 6.8, 7.5, 8.2, 9.1	1.0, 1.2, 1.5 1.8, 2.2, 2.7 3.3, 3.9, 4.7 5.6, 6.8, 8.2	1.0, 1.5, 2.2 3.3, 4.7, 6.8

（3）准确度：电阻实际值与其标称值间允许的相对误差范围，一般分为五个等级，见附表 2。其中Ⅰ、Ⅱ级比较常用。

附表 2　电阻准确度等级

允许误差	$\pm 0.5\%$	$\pm 1\%$	$\pm 5\%$	$\pm 10\%$	$\pm 20\%$
准确度等级	005	01	Ⅰ	Ⅱ	Ⅲ

（4）温度系数：以 25℃作为标准温度，当温度变化 1℃时，电阻值的变化量为 dR，则有：

$$\alpha = \frac{1}{R_{25}} \cdot \frac{dR}{dT}$$

式中，α 为温度系数；R_{25} 为温度在 25℃时的电阻值；dT 为温度的变化量。

（5）噪声：电阻内部因载流子浓度的变化而引起电阻器端电压不规则的波动称为电阻器噪声。电阻器噪声将会对电路信号产生一定干扰。

1.1.3　电阻的标记方法

（1）直接标记法：将电阻值和准确度等级印在元件上，见附表 3。

附表 3　直接标记方式及其含义

标记方式	含义
1.3 MΩ±5%	阻值为 1.3 MΩ，允许误差±5%
3.6 kΩ Ⅰ	阻值为 3.6 kΩ，允许误差±5%
5.6 kΩ Ⅱ	阻值为 5.6 kΩ，允许误差±10%

（2）文字标注法：将电阻值和准确度等级印在元件上，但与直接标记法有所不同。如 4k7 的含义是电阻器的阻值为 4.7 kΩ，允许误差为 10%。表示误差的字符见附表 4。

附表 4　文字标注法允许误差的符号

文字符号	允许误差	文字符号	允许误差
C	±0.25%	J	±5%
D	±0.5%	K	±10%
F	±1%	M	±20%
G	±2%	N	±30%

（3）色环标记法：用 4～5 条彩色环标注在电阻器上，表示电阻器的阻值和允许误差的方法。用色标法表示标称电阻值时，电阻器的单位为"Ω"，如附图 2 所示。

附图 2　电阻的色环标记法

色环所表示的含义见附表 5。

附表 5　色环颜色的规定

颜色	黑	棕	红	橙	黄	绿	蓝	紫	灰	白	金	银	无
有效数字	0	1	2	3	4	5	6	7	8	9	—	—	—
允许误差	—	±1%	±2%	—	—	±0.5%	±0.2%	±0.1%	—	—	±5%	±10%	±20%
倍率	10^0	10^1	10^2	10^3	10^4	10^5	10^6	10^7	10^8	10^9	10^{-1}	10^{-2}	—

1.2　电感

1）电感

将漆包线绕在绝缘管、铁心或磁心上就构成了电感线圈，用"L"表示。与电阻和电容不同，电感一般没有系列产品，在实际工作中需根据要求自行设计与制作，其电路符号如附图 3 所示。

空心电感　　铁心电感　　磁心电感　　可变电感

附图 3　电感线圈的电路符号

2）电感线圈的主要参数

（1）电感量：电感量的大小与线圈匝数、绕制方式以及磁心的材料等因素有关。

（2）品质因数：品质因数用"Q"表示，它与电感线圈的结构、工作频率有关。品质因数值越高，表明电感线圈的功率损耗越小，效率越高。

（3）额定电流：电感线圈长期连续工作时，允许通过的最大电流值。用字母 A～E 来表示额定电流的等级，见附表 6。

附表 6　电感线圈额定电流的等级

标记	A	B	C	D	E
标称电流值(mA)	50	150	300	700	1 600

（4）分布电容：电感线圈匝与匝之间、两个电极之间存在的电容，称为分布电容。当工作频率升高到一定值时，电感线圈的感抗与分布电容的容抗相等时，电路将发生谐振，对应的频率称为电感线圈的固有频率。继续增加工作频率，电感线圈将不再具有电感的特性，而相当于一个小电容。分布电容会使电感线圆的工作频率受到限制，并使它的 Q 值下降。

1.3　电容

两个金属电极之间夹一层电介质就构成了电容。根据电介质的不同，电容可分为有机介质(纸、有机薄膜)电容、无机介质（云母、瓷、玻璃等)电容、空气介质电容和电解电容等，电容的用途和性能取决于其所用的电介质材料。电容的电路符号如附图 4 所示。

电容　微调电容　可变电容　电解电容

附图 4　电容的电路符号

1）电容的主要技术指标

（1）额定电压：在规定条件下，电容器在电路中连续长时间工作而不被击穿的最大直流电压，它与电容器的结构、电介质以及介质厚度有关。

（2）标称容量：与电阻类似有 $E_{24}/E_{12}/E_6$ 标称值系列。1 μF 以上电容的标称容量见附表 7。

附表 7　电容的标称系列

标称系列													
1	2	4	4.7	6	8	10	15	20	30	47	50	60	80

（3）准确度：电容实际值与其标称值间允许的相对误差范围，称为电容的准确度，见附表 8。

附表 8　电容准确度等级

允许误差	±0.5%	±1%	±2%	±5%	±10%	±20%	+20～−10%
准确度级别	005	01	0	I	II	III	IV

（4）绝缘电阻：由所用的介质及其厚度决定。它反映了电容漏电的大小。

（5）频率特性：在高频条件下工作的电容，其电参量随电场频率而变化的性质。

（6）温度系数：在一定范围内，温度每变化 1℃，电容量的相对变化值。影响电容温度系数的主要因素是介质材料的温度特性及其结构。

2）电容容量的标记方法

（1）直接表示法：把电容的型号、规格直接标注在电容的外壳上，示例见附表 9。

附表 9　电容器外壳标记

标记	含义
CJ3-400-0.01-Ⅱ	额定电压为 400 V，容量为 0.01 μF，误差为 ±10% 的密封金属纸介质电容器

（2）字符数字表示法：用字母 P，N，μ，m，F 表示电容量的单位，单位之前的数字表示电容量的整数位，单位之后的数字表示电容量的小数位。

例如，P10 和 1μ0 分别表示 0.1 pF 和 1.0 μF。

（3）色环标记法：与电阻的色环表示法类似，可参阅附表 5。用色环标记的电容容量，单位一般为 pF。

3）如何选用电容

根据工作需要，在选择电容时应考虑以下几个方面：类型、额定电压、频率特性、准确度和温度系数等。

（1）类型：电容类型及其适用范围见附表 10。

附表 10　电容型号及其适用范围

类型	适用范围
容量 1～22 μF，电解电容	低频放大器
10～220 μF，电解电容	发射级旁路电容
0.01～0.1 μF，纸介、金属化纸介、有机薄膜电容、	中频电路
云母电容、瓷介电容	高频电路
电解电容	滤波电路
电解电容	退耦电路

（2）额定电压：额定工作电压应高于实际工作电压，一般高于实际工作电压10%～20%。

（3）频率特性：在高频电路中，电容的引线要尽可能短，以减小引线电感对电路的影响。

（4）准确度：并非所有场合都要求电容有很高的准确度，根据电容在电路中的作用决定，附表 11 提供的适用范围，仅作参考。

附表 11　电容准确度及其适用范围

适用范围	准确度要求
低频耦合、旁路和退耦电路	电容值略大于设计值
振荡电路、延时电路和音调控制电路	尽可能与计算值一致
滤波器、网络电路	选用高精度电容器

（5）温度系数：为了提高电路的工作的稳定性，应选择温度系数较小的电容。

2. 二极管

二极管是一种单向导电的二端元器件。在半导体二极管内部有一个 PN 结，即由 p 型半导体和 n 型半导体烧结形成的 p-n 结界面。在其界面的两侧形成空间电荷层，构成自建电场。当外加正向电压时，在正向特性的起始部分，正向电压很小，不足以克服 PN 结内电场的阻挡作用，正向电流几乎为零，这一段称为死区。这个不能使二极管导通的正向电压称为死区电压。当正向电压大于死区电压以后，PN 结内电场被克服，二极管正向导通，电流随电压增大而迅速上升。在正常使用的电流范围内，导通时二极管的端电压几乎维持不变，这个电压称为二极管的正向电压。当二极管两端的正向电压超过一定数值 V_{th}，内电场很快被削弱，特性电流迅速增长，二极管正向导通。V_{th} 叫做门坎电压或阈值电压，硅管约为 0.5 V，锗管为 0.1 V。硅二极管的正向导通压降为 0.6～0.8 V，锗二极管的正向导通压降为 0.2～0.3 V。当外加反向电压不超过一定范围时，通过二极管的电流是少数载流子漂移运动所形成的反向电流。由于反向电流很小，二极管处于截止状态。

二极管种类有很多，根据其不同用途，可分为限幅二极管、稳压二极管、发光二极管、整流二极管以及开关二极管等。二极管的电路符号如附图 5 所示。

普通二极管　　　　稳压管　　　　发光二极管

附图 5　二极管的电路符号

（1）限幅二极管

二极管一般在电路中起单向导电作用。由于二极管正向导通后，它的正向压降基本保持不变（硅管为 0.7 V，锗管为 0.3 V）。利用这一特性。在电路中作为限幅元器件，可以把信号幅度限制在一定范围内。

（2）稳压二极管

这种二极管是利用二极管的反向击穿特性制成的，在电路中其两端的电压保持基本不变，起到稳定电压的作用，是代替稳压电子二极管的产品，它通常被制作成为硅的扩散型或合金型，是反向击穿特性曲线急骤变化的二极管，作为控制电压和标准电压使用。二极管工作时的端电压（又称齐纳电压）从 3 V 左右到 150 V，每隔 10%，划分成许多等级。在功率方面，也有从 200 mW 至 100 W 以上的产品。工作在反向击穿状态，硅材料制作、动态电阻 RZ 很小，一般为 2CW，2CW56 等；将两个互补二极管反向串接以减小温度系数则为 2DW 型。

（3）发光二极管

发光二极管简称为 LED。由含镓（Ga）、砷（As）、磷（P）和氮（N）等的化合物制成。当电子与空穴复合时能辐射出可见光，因而可以用来制成发光二极管。在电路及仪器中作为指示灯或者组成文字、数字显示。砷化镓二极管发红光，磷化镓二极管发绿光，碳化硅二极管发黄光，氮化镓二极管发蓝光。因化学性质不同又分有机发光二极管（OLED）和无机发光二极管(LED)。接线时一般长引脚为正,短引脚为负。

3. 运算放大器

(1) 741 型运算放大器

741 型运算放大器具有广泛的应用。其宽范围的共模电压可用于电压跟随器,高增益和宽范围的工作电压特点在积分器、加法器和一般反馈应用中能使电路具有优良性能。此外,它还具有如下特点:

- 无频率补偿要求
- 短路保护
- 失调电压调零
- 大的共模、差模电压范围
- 低功耗

741 型运放双列直插(DIP)封装的俯视图如附图 6 所示,该芯片共有 8 个引脚,其中紧靠缺口(有时也用小圆点标记)下方的引脚编号为 1,按逆时针方向,引脚编号依次为 2,3,…,8;相应的各个引脚定义见附表 12。

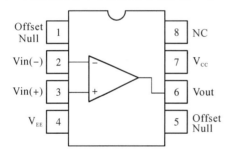

附图 6　741 型运算放大器封装图

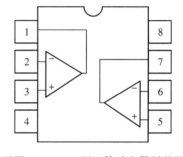

附图 7　TL082 型运算放大器封装图

附表 12　741 型运算放大器引脚定义

引脚	引脚定义
1	调零端
2	反相输入端
3	同相输入端
4	负电源端
5	调零端
6	输出端
7	正电源端
8	空脚

附表 13　TL082 型运算放大器引脚定义

引脚	引脚定义
1	输出端 1
2	反相输入端 1
3	同相输入端 1
4	负电源端
5	同相输入端 2
6	反相输入端 2
7	输出端 2
8	正电源端

(2) TL082 型运算放大器

TL082 在同一基片上集成了两个性能相同的运算放大器,封装如附图 7 所示,引脚定义见附表 13。

（3）LM324 型运算放大器

LM324 在同一基片上集成了四个性能相同的运算放大器,每个运算放大器内部都有一个内部补偿电容,它在振荡器、多路放大器和比较器等电路中应用较广。LM324 可工作在双电源或单电源模式,在双电源工作模式时,最大电源电压为±16 V;在单电源工作模式时,引脚 11 接地,最大正电源电压为 32 V。

LM324 的双列直插式封装如附图 8 所示,相应的引脚定义则见附表 14。

附表 14　LM324 型运算放大器引脚定义

引脚	引脚定义
1	输出端 1
2	反相输入端 1
3	同相输入端 1
4	负电源端
5	同相输入端 2
6	反相输入端 2
7	输出端 2
8	输出端 3
9	反相输入端 3
10	同相输入端 3
11	正电源端
12	同相输入端 4
13	反相输入端 4
14	输出端 4

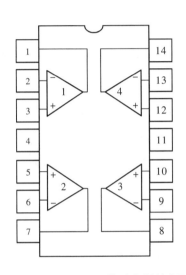

附图 8　LM324 型运算放大器封装图

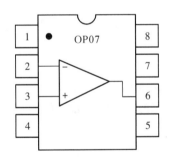

附图 9　OP07 型运算放大器封装图

附表 15　OP07 型运算放大器引脚定义

引脚	引脚定义
1	调零端
2	反相输入端
3	同相输入端
4	接地端
5	空脚
6	输出端
7	正电源端
8	调零端

（4）OP07 型运算放大器

OP07 是一种低噪声,非斩波稳零的双极性(双电源供电)运算放大器集成电路。由于 OP07 具有非常低的输入失调电压(对于 OP07A 最大为 25 μV),所以 OP07 在很多应用场合不需要额外的调零措施。OP07 同时具有输入偏置电流低(OP07A 为 ±2 nA)和开环增益高(对于 OP07A 为 300 V/mV)的特点,特别适于高增益的测量和微弱信号的放大等应用场合。

OP07 的双列直插式封装如附图 9 所示,相应的引脚定义则见附表 15。

4. 集成稳压器

集成稳压器又称为集成稳压电路,可将不稳定的直流电压转换成稳定的直流电压。近年来,集成稳压器已得到广泛应用,其中小功率的三端式串联型稳压器应用最为普遍。电路中常用的集成稳压器主要有固定式 78×× 系列、固定式 79×× 系列和可调式 LM317,相应的三类稳压管封装分别如附图 10、附图 11 所示。

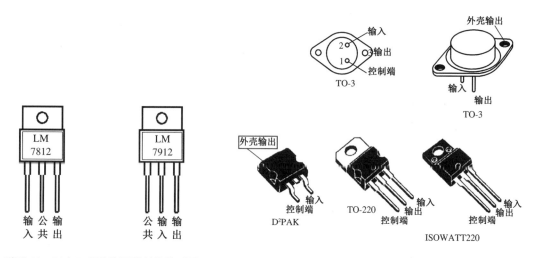

附图 10　78/79 系列稳压器封装外形图　　　附图 11　LM317 封装外形图

（1）固定式 78×× 系列

固定式 78×× 系列稳压器是将取样电阻、补偿电容、保护电路以及大功率调整管等都集成在同一芯片上,使整个集成电路对外只有三个引脚,分别是输入端、接地端和输出端。它的输出电压由具体型号的后面两个数字代表,有 5 V,6 V,8 V,9 V,12 V,15 V,18 V 以及 24 V 等档次。例如,7805 表示稳压器的输出电压为 5 V。

78×× 系列稳压器输入电压的极限值为 36 V,为确保输出电压的稳定性,应保证最小输入输出电压差。一般使用时,压差应保持在 3 V 以上,同时又要注意最大输入输出电压差范围不能超出规定范围。

（2）固定式 79×× 系列

79×× 系列与 78×× 系列功能与外形均相同,区别在于 79×× 系列输出负电压,而 78×× 系列输出正电压。

（3）可调式 LM317

LM317 是可调节三端正电压稳压器,其引脚定义为:引脚—控制端(调节端),引脚 2—输出端,引脚 3—输入端。工作时,该器件的控制端消耗电流非常少,可忽略不计;且其控制端和输出端之间的电位差恒为 1.25 V。

附图 12 所示为由 LM317 组成的可调电压源电路,其中,输入端引脚 3 接输入正电压 U_{in},输出端引脚 2 接负载,控制端引脚 1 接在固定电阻 R_1 与可调电阻 R_2 相连的结点上,由此可得输出端与地端之间的电压 U_{out} 为

$$U_{\text{out}} = I(R_1 + R_2)$$

且

$$I = \frac{1.25}{R}$$

故可推得

$$U_{\text{out}} = 1.25 \times \left(1 + \frac{R_2}{R_1}\right)$$

当电阻 $R_1 = 1\ \text{k}\Omega$，$R_2 = 0 \sim 10\ \text{k}\Omega$ 时，则 U_{out} 输出为 $1.25 \sim 13.75\ \text{V}$ 电压。

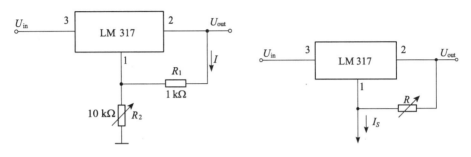

附图 12　LM317 可调电压源电路　　　　**附图 13　LM317 可调电流源电路**

附图 13 所示为由 LM317 组成的可调电流源电路，其中，输入端引脚 3 接输入正电压 U_{in}，输出端引脚 2 与控制端引脚 1 之间接入外电阻 R。由于输出端与控制端之间的电压为 $1.25\ \text{V}$，由此可得图中 I_{S} 为

$$I_{\text{S}} = \frac{1\,250}{R}$$

5. 晶体管

晶体管，全称为半导体晶体管，也称双极型晶体管，是一种控制电流的半导体器件，其作用是把微弱信号放大成幅度值较大的电信号，也用作无触点开关。晶体管是半导体基本元器件之一，具有电流放大作用，是电子电路的核心元件。晶体管是在一块半导体基片上制作两个相距很近的 PN 结，两个 PN 结把整块半导体分成三部分，中间部分是基区，两侧部分是发射区和集电区，排列方式有 PNP 和 NPN 两种。

晶体管按材料分为两种：锗管和硅管。每一种又有 NPN 和 PNP 两种结构形式，但使用最多的是硅 NPN 和锗 PNP 两种晶体管。下面以附图14 NPN 管为例说明其电流放大原理。

对于附图 14 中的 NPN 管，它由两块 N 型半导体中间夹着一块 P 型半导体组成，发射区与基区之间形成的 PN 结称为发射结，而集电区与基区形成的 PN 称为集电结，三条引线分别称为发射极 e、基极

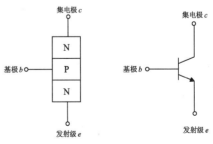

附图 14　NPN 管结构及电路符号

b 和集电极 c。

当 b 点电位高于 e 点电位零点几伏时,发射结处于正偏状态,而 c 点电位高于 b 点电位几伏时,集电结处于反偏状态,集电极电源 E_c 要高于基极电源 E_b。

在制造晶体管时,要有意使发射区的多数载流子浓度大于基区的,同时基区做得很薄,而且要严格控制杂质含量。一旦接通电源后,由于发射结正偏,发射区的多数载流子(电子)及基区的多数载流子(空穴)很容易越过发射结互相向对方扩散,但因前者的浓度大于后者,所以通过发射结的电流基本上是电子流,这股电子流称为发射极电流。

由于基区很薄,加上集电结的反偏,注入基区的电子大部分越过集电结进入集电区而形成集电极电流 I_c,只剩下很少(1%～10%)的电子在基区的空穴进行复合,被复合掉的基区空穴由基极电源 E_b 重新补给,从而形成了基极电流 I_b。根据电流连续性原理得

$$I_e = I_b + I_c$$

即在基极补充一个很小的 I_b,就可以在集电极上得到一个较大的 I_c,这就是所谓电流放大作用,I_c 与 I_b 维持一定的比例关系,即

$$\bar{\beta} = \frac{I_c}{I_b}$$

式中,$\bar{\beta}$ 为直流放大倍数。

集电极电流的变化量 ΔI_c 与基极电流的变化量 ΔI_b 之比为

$$\beta = \frac{\Delta I_c}{\Delta I_b}$$

式中,β 为交流电流放大倍数。由于低频时 $\bar{\beta}$ 和 β 的数值相差不大,所以有时为了方便起见,对二者不作严格区分,β 值为几十至一百多。

同理,

$$\bar{\alpha} = \frac{I_c}{I_e}, \quad \alpha = \frac{\Delta I_c}{\Delta I_b}$$

式中,I_c 与 I_e 是直流通路中的电流;$\bar{\alpha}$ 也称为直流放大倍数,一般在共基极组态放大电路中使用,描述了射级电流与集电极电流的关系。表达式中的 α 为交流共基极电流放大倍数。

同理,α 和 $\bar{\alpha}$ 在小信号输入时相差也不大。对于两个描述电流关系的放大倍数有以下关系:

$$\beta = \frac{\alpha}{1-\alpha}$$

晶体管的电流放大作用实际上是利用基极电流的微小变化控制集电极电流的巨大变化。

6. EIC-102B 面包板介绍

面包板是专为电子电路的无焊接实验设计制造的,又称为万用线路板或集成电路实验

板。面包板采用工程塑料和优质高弹性的金属片制作而成,便于进行一些中小电路的实验和制作。

EIC-102B 面包板如附图 15 所示。插座板中央有一凹槽,凹槽上下两边各有 65 列插孔,每列有 5 个小插孔,即 A, B, C, D, E 或 F, G, H, I, J,被一条金属片连在一起,因此插入同一列 5 个孔内的导线就被金属簧片连接在一起,5 个插孔彼此导通。不同列的插孔之间簧片彼此绝缘,不导通。这也就是通常所说的"纵通横不通"。插座上、下边缘各有两横排(+、-)在电气上分别被金属簧片连接在一起的 50 个小插孔,分别作为电源与地线插孔用。因此,对上、下边上的横排来说,是"横通纵不通",即标有"+"或"-"标记的横排上的插孔彼此相连,相互导通,而"+"和"-"标记的插孔之间簧片彼此绝缘,不导通。插孔间及簧片间的距离均与双列直插式集成电路引脚的标准间距 2.54 mm 相同,因而适于插入各种集成电路。

各种电子元器件可根据需要随意插入插孔,免焊接,节省了电路的组装时间,也减少了导线的数量,电路简洁,所以非常适合学生实验使用。

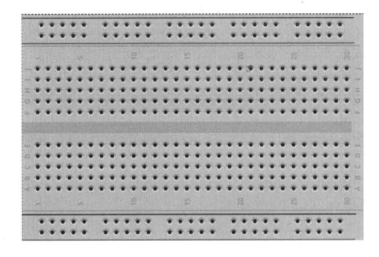

附图 15　EIC-102B 面包板

参考文献

［1］李瀚荪. 简明电路分析基础［M］. 北京：高等教育出版社，2006.

［2］邱关源，罗先觉. 电路［M］. 5 版. 北京：高等教育出版社，2006.

［3］亚历山大，萨迪库. 电路基础［M］. 于歆杰，译. 3 版. 北京：清华大学出版社，2008.

［4］秦杏荣. 电路实验基础［M］. 2 版. 上海：同济大学出版社，2011.

［5］张峰. 电路实验教程［M］. 北京：高等教育出版社，2008.

［6］尹明. 电路原理实验教程［M］. 哈尔滨：哈尔滨工业大学出版社，2013.

［7］何东钢，郭显久. 电路理论实验［M］. 北京：中国电力出版社，2014.

［8］童诗白，华成英. 模拟电子技术基础［M］. 5 版. 北京：高等教育出版社，2015.

［9］阎石. 数字电子技术基础［M］. 5 版. 北京：高等教育出版社，2011.

［10］胡寿松. 自动控制原理［M］. 6 版. 北京：科学出版社，2015.

［11］王冠华，吴永佩. ELVIS 电路原型设计及测试［M］. 北京：国防工业出版社，2013.

［12］赵彦珍，邹建龙，沈瑶，等. 基于 NImyDAQ 的自主电路实验［M］. 北京：机械工业出版社，2016.

［13］李甫成. 基于项目的工程创新学习入门——使用 LabVIEW 和 myDAQ［M］. 北京：清华大学出版社，2014.

［14］李江全. LabVIEW 虚拟仪器技术及应用［M］. 北京：机械工业出版社，2019.